中等专业学校建筑机电与设备安装专业系列教材

机 械 基 础

抚顺市城市建设学校　钟　如　主编
抚顺市城市建设学校　钟　如
山西省建筑工程学校　姚世昌　编

U0284697

中国建筑工业出版社

图书在版编目（CIP）数据

机械基础/钟如主编．-北京：中国建筑工业出版社，1999
中等专业学校建筑机电与设备安装专业系列教材
ISBN 7-112-03654-2

Ⅰ．机… Ⅱ．钟… Ⅲ．机械学-专业学校-教材 Ⅳ．TH11

中国版本图书馆 CIP 数据核字（98）第 29758 号

本书是建筑类中等专业学校建筑机电与设备安装专业教学用书。其内容包括：工程材料及钢的热处理、金属的焊接与气割、机械原理及零件三部分。系统地介绍了金属的性能及基本组织结构，钢的热处理，常用的金属及非金属材料；手工电弧焊，气焊与气割，其它焊接方法；常用机构，常用机械传动，轴系零件及螺纹联接等。

本书主要适用于建筑机电与设备安装等建筑类非机械专业，也可用作石油化工、轻工、冶金、建材等专业中的非机械专业教材。同时还可供以上专业的工程技术人员作参考书。

中等专业学校建筑机电与设备安装专业系列教材

机 械 基 础

抚顺市城市建设学校　钟　如　主编

抚顺市城市建设学校　钟　如
山西省建筑工程学校　姚世昌　编

*

中国建筑工业出版社出版（北京西郊百万庄）
新华书店总店科技发行所发行
北京黄坎印刷厂印刷

*

开本：787×1092毫米　1/16　印张：12$\frac{1}{2}$　字数：301千字
1999年6月第一版　2001年6月第二次印刷
印数：5,501—8,500册　定价：12.90元
ISBN 7 - 112 - 03654 - 2
G·308（8937）

版权所有　翻印必究

如有印装质量问题，可寄本社退换

（邮政编码100037）

前　言

　　《机械基础》一书是根据建设部中等专业学校建筑机电与设备安装专业指导委员会审定的采暖通风、给水排水、电气安装、水电设备安装等专业《机械基础》教学大纲进行编写的。按照教学大纲及各专业的教育标准、培养方案等要求，本书内容分三大部分，即工程材料及钢的热处理、金属的焊接与气割、机械原理及零件。

　　本书内容力求采用最新的知识，最新的标准及规范，当有些内容正处于新旧交替阶段，新旧内容分别介绍有所侧重，并列有新旧内容对照表。本书试用专业多，参考学时数为60～80学时，任课教师可根据各专业实际情况进行删减。

　　本书由抚顺市城市建设学校钟如主编（绪论、第一篇、第二篇及附表），山西省建筑工程学校姚世昌参编（第三篇）。全书由湖南省建筑学校潘力治高级讲师主审。

　　由于编者水平所限，编写时间仓促，书中如有不足及错误之处，恳请读者指正，我们深表感谢。

目　录

绪　　论

机械是机器与机构的总称，是用力学原理组成的用于利用和转换机械能的装置。机械的覆盖面很大，无论是工业、农业、国防以及日常生活都离不开机械。机械一般按其服务对象进行分类，如果机械服务于建筑施工，称为施工机械（如起重机械、混凝土机械等）；服务于水暖通风工程，称为供热通风机械（如锅炉、制冷、空调等机械设备）；服务于电力工业，称为电力机械（如各种发电机组、输变电设备等）；以及冶金机械、石油机械、轻工机械等。任何一种机械设备都是由各种材料加工成机械零件，再由若干个机械零件组成机械设备。因此，研究机械应从材料、加工工艺及机械原理等基础知识开始。

一、本课程的主要内容及发展概况

（一）课程主要内容

《机械基础》是非机械专业的一门专业基础课，其内容包括以下三部分。

1. 工程材料及钢的热处理　主要介绍金属的性能、组织结构；钢的热处理方法以及常用工程材料的种类、成分、性能、应用等。

2. 金属的焊接与气割　主要介绍手工电弧焊和气焊的焊接原理、工艺方法及其应用；常用先进的焊接技术介绍以及焊接缺陷和缺陷的检验方法等。

3. 机械原理及零件　主要介绍常用机构；机械传动原理、结构特点及应用等；以及轴系零件和螺纹联接。

（二）发展概况

材料是人类生存和发展、征服自然和改造自然的物质基础。有人说：人类是生活在一个以材料组成的空间里。我国是世界上最早发明和使用金属材料的国家，早在公元前5000年就发明了冶铜术，春秋时期又发明了冶铁技术，开始用铸铁做农具，这比欧洲国家早1800多年。1939年在河南武官村出土的殷商祭器司母戊大方鼎，铸造精美，重达875kg，由此可见在距今3000多年前，我国的冶铸技术已达到了很高的水平，对世界文明和人类进步作出了巨大的贡献。但是，由于封建制度的长期统治，使我国的科学技术在解放前的二三百年间处于停滞落后的状态。

新中国成立以后，我国工农业生产以及材料工业得到迅速的发展。钢的年产量由解放前夕的几十万吨，发展到今天的1亿多吨，居世界首位，钢的品种和冶炼轧制技术也都接近世界先进水平。与此同时，高分子材料、陶瓷材料、复合材料这些非金属新材料也在我国机械工业中迅速发展。材料已被世界公认是继能源、信息技术之后现代文明的三大支柱之一。

我国的机械加工业有着悠久的历史。战国时期已有了很高明的制剑技术，它表明炼钢、锻造、热处理等技术已被掌握。公元7世纪唐朝时期，就出现了锡焊和银焊，这种焊接技术比欧洲早1000多年。

近代焊接技术应当是从1882年第一台碳弧焊机诞生开始，在此之后又相继出现了气焊和手工电弧焊等简单的焊接方法。到 20 世纪的 40 年代埋弧焊和电阻焊的出现，使焊接过程实现了机械化和自动化。50 年代的电渣焊、气体保护焊、超声波焊，60 年代的等离子弧焊、电子束焊、激光焊等先进焊接方法的不断涌现，把焊接技术推向一个新的高度。近年来能量束焊、太阳能焊、冷压焊的研究，以及用计算机对焊接工艺进行自动控制都有很大的发展。焊接工艺已成为船舶、机械制造、建筑、石油化工以及国防科学等不可缺少的加工方法。例如，12000t 水压机、30 万 kW 双水内冷气轮发电机组、大型容器、锅炉、长距离输油管道、人造卫星、核反应堆等。

机械是人类进行生产的主要工具，它是社会生产力发展水平的重要标志。早在远古时期，人类就利用杠杆、滚子、绞盘等简单机械从事建筑和运输。18 世纪中叶，随着蒸汽机的发明促进了机械工业的革命，出现了由原动机、传动机构、工作装置组成的近代机器。

我国劳动人民在机械方面有过杰出的发明创造，早在 5000 年前就使用简单的纺织机械，夏朝以前就发明了车子，西汉的指南车和记里鼓车采用了齿轮系统。东汉张衡发明的候风地动仪是人类历史上第一台地震仪，晋朝的水辗已经应用凸轮原理。新中国成立后，我国的机械工业得到了迅速发展，从机械的设计、制造到新产品开发，目前已接近和达到世界先进水平。

二、学习要求及其方法

作为非机械专业的各类工程技术人员，必须了解和熟悉一些有关的机械原理、工程材料及焊接工艺等方面的基础知识，达到能合理地使用、维护、管理本专业的机械设备以及合理地选择、使用工程材料。为此，在学习《机械基础》时有以下要求：

1. 通过学习常用的工程材料及钢的热处理，了解工程材料的成分、性能与内部组织的基本关系；熟悉常用工程材料的牌号、用途及选用原则；了解普通的热处理工艺以及如何用适当的热处理工艺来改善钢的性能。

2. 通过学习金属的焊接与气割，了解焊接原理；熟悉常用的焊接工艺及设备；了解焊接过程中容易产生的缺陷及检验方法，为能合理地设计焊接构件以及组织焊接施工打基础。

3. 通过学习机械原理及零件，了解常用机构及机械的工作原理、结构特点、简单设计和应用等方面的基础知识；了解常用的轴类零件及螺纹联接零件的种类、结构特点、主要参数等。

《机械基础》是一门综合性课程，它涉及工程力学、金属工艺学、机械原理及机械零件等诸多内容。在学习中要理论联系实际，除掌握好基本理论、基本知识之外，还应重视现场教学、实验课等实践性教学环节。

第一篇 工程材料及钢的热处理

工程材料是指用于机械制造、工程结构等各种材料的总称。它分为金属材料和非金属材料两大类。工程材料在工业、农业、国防等方面占有极其重要的地位，为了能正确使用工程材料，就必须充分了解材料的性能和用途等。

本篇着重介绍工程材料的种类、成分、性能、组织结构、用途等，以及用热处理的方法改善钢的性能等内容。

第一章 金属的性能

金属材料的性能包括使用性能和工艺性能。使用性能是指金属材料在使用过程中所表现出的性能，它包括力学性能、物理性能、化学性能；工艺性能是指金属材料在加工过程中适应各种加工工艺的性能。一般在选用金属材料时，是以材料的力学性能指标作为主要依据。

第一节 金属的力学性能

机械零件在使用过程中，要承受各种形式的外力作用，作用的结果使机械零件产生一定的破坏性。为保证零件能正常工作，要求材料必须具有一定抵抗外力作用而不产生变形或破坏的能力。金属材料在外力作用下所表现出的性能，称为金属的力学性能。它主要包括强度、塑性、硬度、疲劳强度、蠕变及松弛等。

一、强度

强度是指金属材料在静载荷作用下，抵抗变形和破坏的能力。金属材料的强度是通过拉伸试验测定的。

（一）拉伸试验

拉伸试验是在拉伸试验机上进行的。将被测材料按国家标准做成标准试样，如图 1-1 (a) 所示为圆形拉伸试样。图中主要尺寸有试样直径 d_0；标距长度 l_0，它是试样计算时的有效长度。标准试样根据标距长度与直径之间的关系，分为长试样（$l_0=10d_0$）和短试样（$l_0=5d_0$）。

试验时，将试样安装在拉伸试验机的两个夹头上，缓慢地施加拉力。随着载荷的不断增加，试样逐渐伸长，出现缩颈、拉断，这个试验过程叫拉伸试验。

（二）拉伸曲线

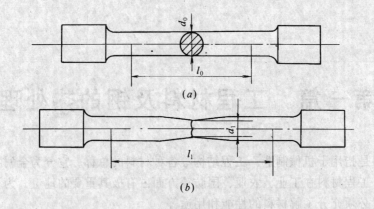

图 1-1　圆形拉伸试样

(a) 拉伸前；(b) 拉断后

在拉伸试验过程中，随时记录各阶段载荷与试样变形量的数值，然后将记录的数值绘制在以载荷 F 为纵坐标，变形量 Δl 为横坐标的坐标系中，连接各点所得曲线即为拉伸曲线。图 1-2 为低碳钢拉伸曲线。

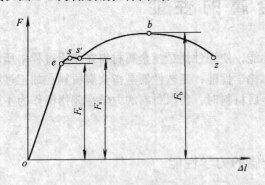

图 1-2　低碳钢的拉伸曲线

如图 1-2 所示，低碳钢试样的拉伸过程分为以下五个阶段：

oe——弹性变形阶段　当作用在试样上的载荷较小，在 F_e 范围内时，随着载荷的增加，试样产生变形而伸长。如果此时去除载荷，变形也完全消失。这种能随载荷去除而消失的变形，称为弹性变形。

es——微量塑性变形阶段　当载荷超过 F_e 后，试样进一步发生变形，这时若去除载荷，大部分属于弹性变形随之消失，而余下的部分变形不能消失，这种不能随载荷去除而消失的变形，称为塑性变形或永久变形。

ss'——屈服阶段　载荷增大到 F_e 时，拉伸曲线出现水平线段，这表示载荷保持不变时，而变形继续增加，这种现象称为屈服现象。

s'b——均匀变形阶段　载荷超过 F_s 后，材料开始发生大量的塑性变形。这时为了使变形量增加，载荷还应继续增加，直到 b 点。试样在此段的变形是沿试样标距长度均匀发生的。

bz——颈缩阶段　载荷达到 F_b 时，试样的直径发生局部收缩，称为颈缩现象。由于截面减小，使试样变形所需要的载荷也逐渐减小，但伸长量继续增加，直至 z 点发生断裂。

在做拉伸试验时，并非所有的金属材料都具有这五个阶段，如铸铁等脆性材料，就没有明显的塑性变形即被拉断。

（三）强度指标

金属材料的强度是用一定量的变形及破坏条件下的应力表示。评定指标有弹性极限、屈服点、抗拉强度。

1. 弹性极限　材料在外力作用下产生弹性变形时所能承受的最大应力，称为弹性极限，用 σ_e 表示。其计算公式为：

$$\sigma_e = \frac{F_e}{S_0} \quad \text{MPa (或 N/mm}^2\text{)} \tag{1-1}$$

式中　F_e——试样能保持弹性变形时所承受的最大载荷（N）；

　　　S_0——试样原截面积，$S_0 = \frac{\pi d_0^2}{4}$（mm²）。

2. 屈服点　材料产生屈服现象时的应力值，称为屈服点，用 σ_s 表示。其计算公式为：

$$\sigma_s = \frac{F_s}{S_0} \quad \text{(MPa)} \tag{1-2}$$

式中　F_s——试样屈服时的载荷（N）；

　　　S_0——试样原截面积（mm²）。

由于许多材料（如高碳钢、铸铁、部分有色金属等）没有明显的屈服现象，因此"国标"规定以试样产生塑性变形 Δl 为 $0.2\% l_0$ 时的应力，作为屈服点，用 $\sigma_{0.2}$ 表示。

3. 抗拉强度　材料在拉断前所能承受的最大应力值，称为抗拉强度或强度极限，用 σ_b 表示。其计算公式为：

$$\sigma_b = \frac{F_b}{S_0} \quad \text{(MPa)} \tag{1-3}$$

式中　F_b——试样承受的最大载荷（N）；

　　　S_0——试样原截面积（mm²）。

σ_e、σ_s 和 σ_b 是表示金属强度不同条件下的指标，是零件设计、选择材料的重要依据。一般机械零件工作时，所承受的最大应力不允许超过 σ_b，否则会产生破坏。对于一些不允许在发生塑性变形情况下工作的机械零件，如压力容器、锅炉、发动机气缸螺栓等，在设计时计算应力要控制在 σ_s 以下。

二、塑性

金属材料在载荷作用下产生永久变形而不破坏的能力，称为塑性。评定材料的塑性指标是伸长率和断面收缩率，它们也是通过拉伸试验测得的。

（一）伸长率

伸长率是指试样被拉断后，标距长度的伸长量与原标距长度之比的百分率，用 δ 表示。其计算公式为：

$$\delta = \frac{l_1 - l_0}{l_0} \times 100\% \tag{1-4}$$

式中　l_1——试样拉断后的标距长度（mm）；

　　　l_0——试样原标距长度（mm）。

应当指出，同一种材料试样长短不同，所测得的数值不同。用长试样测得的伸长率用 δ_{10} 表示，短试样用 δ_5 表示，习惯上 δ_{10} 常用 σ 表示。

（二）断面收缩率

断面收缩率是指试样横截面积的收缩量与原横截面积之比的百分率，用 ψ 表示。其计算公式为：

$$\psi = \frac{S_0 - S_1}{S_0} \times 100\% \tag{1-5}$$

式中　S_0——试样原横截面积（mm²）；

S_1——试样拉断处的横截面积（mm²）。

金属材料的延长率和断面收缩率其值愈大，表示材料的塑性愈好。如工业纯铁的 δ 可达 50%、φ 可达 80%，而普通铸铁的 δ 和 φ 几乎为零。塑性好的材料，可以发生较大的塑性变形而不破坏，这样的材料能进行各种轧制加工，还能避免一旦超载而引起的突然断裂。例如，采用塑性较好的材料（一般 $\delta > 20\%$；$\varphi > 40\%$）制造板材、型钢、各种结构件及齿轮、轴等机械零件。

三、硬度

金属材料抵抗比其更硬的物体压入其表面的能力，称为硬度。硬度指标是通过具有高硬度的压头，压入材料表面形成塑性变形即压痕，对压痕测量而得到的。因此，硬度也可以表示为，材料对局部塑性变形的抵抗力。压头压入金属表面的压痕小，表明材料抵抗塑性变形的抗力大，其材料的硬度高。

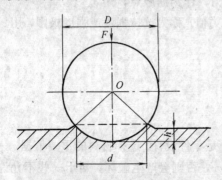

图 1-3 布氏硬度试验原理示意图

硬度是金属材料力学性能中较重要的指标。许多机械零件，根据工作条件不同，要求有一定的硬度值，以保证足够的强度、耐磨性及使用寿命。

硬度的测定方法很多，常用的有布氏、洛氏和维氏三种试验方法。

（一）布氏硬度

布氏硬度的测试原理如图 1-3 所示。它是用载荷为 F 的力，把直径为 D 的淬火钢球（或硬质合金钢球），压入金属表面并保持一定时间，而后去除载荷，测量钢球在金属表面所压出的圆形压痕直径 d，计算压痕面积 S，以压痕单位面积上所承受的载荷大小来表示硬度值。即：

$$布氏硬度 = \frac{F}{S} \quad （一般不标注单位） \qquad (1-6)$$

式中 F——试验载荷（kgf 或 N）；

S——压痕表面积（mm²）。

压痕表面积为：

$$S = \frac{\pi D (D - \sqrt{D^2 - d^2})}{2} \quad （mm²）$$

式中 D——钢球直径（mm）；

d——压痕直径（mm）。

所以，布氏硬度的计算公式为：

$$布氏硬度 = \frac{2F}{\pi D (D - \sqrt{D^2 - d^2})} \qquad (1-6a)$$

（由于硬度值一般不标注单位，故在计算过程中不换算成国际单位。）

从计算公式可以看出，当所加载荷 F 和钢球直径 D 一定时，布氏硬度值仅与压痕直径 d 有关。d 愈大、布氏硬度值愈小，材料硬度愈低；反之 d 愈小、布氏硬度值愈大，材料硬度愈高。根据这一原理将压痕直径与布氏硬度列出专用对照表（见附表 1），在实际应用时，只要测出压痕直径就可以直接查出布氏硬度值，无需再进行计算。

布氏硬度用 HBS 或 HBW 表示。当试验压头为淬火钢球时，其硬度用 HBS 表示，通常适用于测定布氏硬度值在 450 以下的材料；当试验压头为硬质合金时，其硬度用 HBW 表示，通常适用于测定布氏硬度值在 450 以上的材料。

布氏硬度的表示方法规定为，硬度值标注在 HBS 或 HBW 之前。如 380HBS 表示布氏硬度值为 380。

布氏硬度试验法的特点是，当压痕直径 d 在 $0.25D<d<0.6D$ 范围内所测数据结果准确；同时，布氏硬度值还与材料的抗拉强度有一定关系（见附表 2），因此在工程上应用较广。

但是，布氏硬度不宜测定硬度过高、厚度太薄或表面不允许有较大压痕的材料。布氏硬度主要用于铸铁、有色金属、退火钢等原材料及半成品的硬度测定。

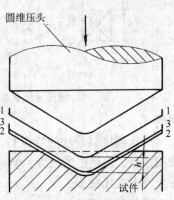

（二）洛氏硬度

洛氏硬度的测试原理如图 1-4 所示。用顶角为 120° 的金刚石圆锥体或淬火钢球作为压头，先加以初载荷 F_0，然后加以主载荷 F_1，压入试件表面后去除主载荷，在保留初载荷的情况下，测量压痕塑性变形深度 h，确定金属的洛氏硬度值。洛氏硬度规定压痕深度每 0.002mm 为一个洛氏硬度单位。在洛氏硬度试验时，硬度值可在洛氏硬度试验机指示盘中直接读出，不需要计算。

图 1-4　洛氏硬度试验原理示意图

洛氏硬度用 HR 表示，根据压头类型和总载荷的不同，洛氏硬度分为 HRA、HRB、HRC 三种硬度，其中 HRC 应用最广。常用洛氏硬度的试验条件及适用范围见表 1-1。

常用洛氏硬度的试验条件及适用范围　　　　　　　　　　　表 1-1

硬度符号	压头类型	总试验载荷 (kgf)（N）	硬度值有效范围	适用范围
HRA	120°金刚石圆锥体	60（588.4）	60~85HRA	硬质合金、表面淬火或渗碳层等
HRB	$\phi1/16''$钢球（约为1.588mm）	100（980.7）	25~100HRB	有色金属或退火、正火钢等
HRC	120°金刚石圆锥体	150（1471.0）	20~67HRC	调质钢、淬火钢等

洛氏硬度试验法的特点是，操作简单，可以直接得出硬度值，压痕小不损伤工件表面，测量范围广。但是，由于压痕小，其准确性不如布氏硬度，尤其是在测量组织不均匀的金属材料，如铸铁等时。

洛氏硬度和布氏硬度虽然采用的是两种不同的试验方法，但在数值上存在着一定的关系，具体的数值换算可见附表 2。

（三）维氏硬度

维氏硬度的测试原理基本上和布氏硬度相同，也是根据压痕凹陷面积上的单位载荷作为硬度值。所不同的是，维氏硬度试验压头采用锥面夹角为 136° 的正四棱锥体金刚石压头。如图 1-5 所示。

维氏硬度用 HV 表示，其计算公式为：

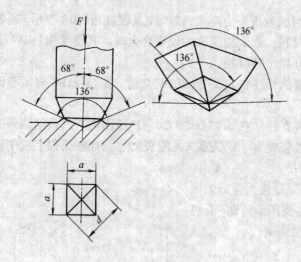

$$HV = \frac{F}{S} \qquad (1\text{-}7)$$

式中　F——试验载荷（kgf）；

S——压痕表面积（mm²）。

压痕表面积为

$$S = \frac{d^2}{2\sin 68°} = \frac{d^2}{1.8544}$$

所以，维氏硬度 HV 为

$$HV = 1.8544\frac{F}{d^2} \qquad (1\text{-}7a)$$

式中　d——压痕两对角线平均长度（mm）。

维氏硬度的值标注在 HV 前面，如 580HV。它与其它硬度值的关系见

图 1-5　维氏硬度试验原理示意图

附表 2。

维氏硬度试验法的特点是，所加载荷小、压痕浅，适用于测定较薄的材料，也可测定表面渗碳、氮化层的硬度。但是，它测定操作麻烦、压痕小，对试件的表面质量要求较高，在生产上应用较少。

四、冲击韧性

载荷以很快的速度作用于工件上，这种载荷称为冲击载荷。在受冲击载荷作用的机械零件，如空气压缩机的连杆、曲轴等，只用强度和硬度这些静载荷指标，进行设计和计算是不够的，还要考虑抵抗冲击载荷的能力。金属材料抵抗冲击载荷作用而不破坏的能力，称为冲击韧性或韧性。韧性指标用冲击韧性值 a_K 表示，它是金属受冲击破坏时单位面积上所消耗的功。其计算公式为：

$$a_K = \frac{A_K}{S_0} \qquad (J/cm^2) \qquad (1\text{-}8)$$

式中　A_K——冲断试样所消耗的功（J）；

S_0——试样缺口处的横截面积（cm²）。

冲击韧性值是用摆锤冲击试验测定的。其测定原理是，将被测的金属材料按国标制成标准试样，如图 1-6 所示。然后放置冲击试验机的支座上，试样缺口背向摆锤冲击方向，如图 1-7 所示。再把有一定重量 G 的摆锤举至一定高度 H_1 后落下，击断试样并摆过支点升起一定高度 H_2。这样摆锤冲断试样所消耗的功为：

$$A_K = G(H_1 - H_2) \qquad (J) \qquad (1\text{-}9)$$

实际上 A_K 数值可由试验机刻度盘上直接读出，然后计算冲击韧性值 a_K。

冲击韧性值 a_K 愈大，表示材料的韧性愈好，在受到冲击载荷时不易被破坏。a_K 还与材料所处温度有关，有些材料在室温（20℃左右）时脆性不明显，但在较低温度下会发生脆断，材料的这一现象对在低温下工作的机械设备尤为重要，如制冷设备、严寒地区的工程结构等。

五、疲劳强度

在机械中有许多零件是在交变载荷（载荷大小及方向随时间周期性变化）下工作，如

弹簧、齿轮、轴等，它们在工作时所承受的应力，通常低于材料的屈服点。金属材料在小于屈服点的交变应力长时间作用下发生断裂的现象，称为金属的疲劳或疲劳断裂。

无论是何种性能的材料，在发生疲劳断裂时都没有明显的塑性变形，断裂是突然发生的，具有很大的危险性。

实验证明，在交变载荷作用下，金属材料承受的交变应力 σ 和断裂前应力循环次数 N 有着如图 1-8 所示的曲线关系，该曲线称为疲劳曲线。

由疲劳曲线可知，金属材料承受的交变应力 σ 愈大，则断裂时应力循环次数 N 愈少；反之，σ 愈小，则 N 愈多。当应力低于某一值时，材料可经受无数次应力循环而不发生疲劳断裂。金属材料在无数次交变载荷作用下，而不产生断裂的最大应力称为疲劳强度，用 σ_{-1} 表示。

实际上，金属材料并不可能作无数次交变载荷试验，一般规定钢在经过 10^7 次、有色金属经过 10^8 次作用时，不产生断裂的最大应力，作为该金属的疲劳强度。

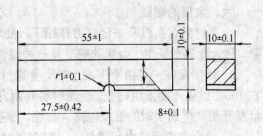

图 1-6　冲击试验的标准试样

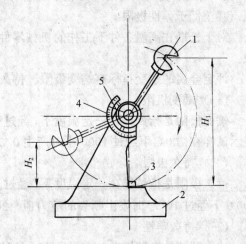

图 1-7　冲击试验示意图

1—摆锤；2—机架；3—试样；4—刻度盘；5—指针

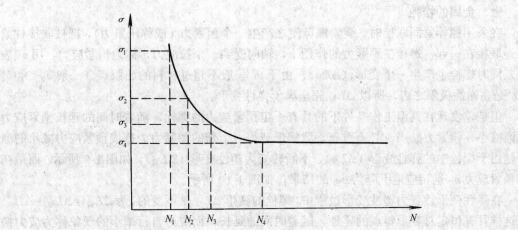

图 1-8　疲劳曲线示意图

金属的疲劳强度与很多因素有关，如化学成分、表面状态、组织结构及残余应力等，由于大多数疲劳裂纹是先从零件表面形成的，因此采用表面强化处理或降低零件表面粗糙度，都能明显提高其疲劳强度。

六、金属的蠕变

金属材料在高温及一定应力作用下，随着时间的增加而产生缓慢的连续塑性变形的现象，称为金属的蠕变。金属的蠕变是一种塑性变形，与一般的塑性变形相比具有以下特点：

1. 蠕变是在一定温度下发生的　金属材料发生蠕变现象与其工作温度有关，对于碳钢在 $400℃$ 以上才能发生蠕变。金属材料开始发生蠕变的温度，决定于本身的熔点，熔点高的材料开始发生蠕变时的温度也高。如铅、锡等低熔点金属，在室温下也会发生蠕变。

2. 发生蠕变现象时间较长　一般要经过几百甚至几万小时才发生蠕变现象。

3. 发生蠕变现象时的应力较小　金属材料发生蠕变现象时的应力，一般低于本身的屈服点甚至低于弹性极限。

对于长期在高温条件下工作的机械零件，如热力管网、锅炉设备，要特别重视蠕变现象。

评定金属的蠕变指标有蠕变极限、持久极限及持久塑性等。

（一）蠕变极限

蠕变极限是指试样在一定温度下，经过一定时间，产生一定伸长率的应力值。如 $\sigma_{0.2/1000}^{700}$ 表示试样在 $700℃$ 下经过 1000 小时产生 0.2% 伸长率的应力值。

（二）持久极限

持久极限是指试样在一定温度下，经过一定时间发生断裂的应力值。如 $\sigma_{10^5}^{500}$ 表示试样在 $500℃$ 下经过 10^5 小时发生断裂的应力值。20 钢的 $\sigma_{10^5}^{500}=40MPa$。

（三）持久塑性

持久塑性是指试样在一定温度下，经过一定时间发生断裂后的伸长率和断面收缩率。

蠕变现象的发生与材料本身的化学成分、组织结构有很大关系。为此提高材料的抗蠕变能力，要从改善材料的冶炼方法，选择合理的热处理工艺入手。

七、金属的松弛

在采用螺栓紧固联接时，旋紧螺母使之产生一个预紧力（或称压紧力），把被联接件紧固地联接在一起。螺栓在预紧力的作用下，轴向受到一个拉应力，称为预紧应力，用 σ_0 表示。同时螺栓也产生一个变形（$\Delta L_初$）。由于 σ_0 一般不超过材料的屈服点（一般 $\sigma_0<80\%$ σ_s）是在弹性极限之内，所以 $\Delta L_初$ 完全属于弹性变形。

但是，发现在高温工作条件下的具有一定预紧应力的螺栓，随着时间的延长预紧应力逐渐减小，预紧力减弱，必须重新旋紧螺母获得一个新的预紧力。造成预紧应力减小的原因是由于螺栓中的弹性变形（$\Delta L_弹$），不断转变为塑性变形（$\Delta L_塑$），如图 1-9 所示。而最初的预紧应力 σ_0 也相应地下降为 $\sigma_松$ 的结果，如图 1-10 所示。

在弹性变形转变为塑性变形过程中，螺栓的变形 $\Delta L_初$ 是不变的，为 $\Delta L_初=\Delta L_塑+\Delta L_弹$。像这样具有恒定总变形特点的零件，随着时间的延长，而应力自行减小的现象称为应力松弛，简称松弛。凡是相互联接，又有一定应力作用的零件，都可能出现松弛现象，如过盈配合的零件、楔块胀紧机构等。

松弛现象可以简单的解释为，承受弹性变形的金属材料，在一定条件下，由于晶界的扩散和晶粒间的滑移所致，使弹性变形逐渐转变为塑性变形，造成预紧应力也随之减小。

金属的松弛和蠕变都是在高温及应力共同作用下，不断产生塑性变形的现象，但两者也有区别，蠕变是应力基本不变，而变形增加；松弛则是变形量不变，而应力逐渐减小。

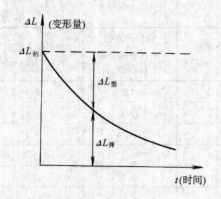
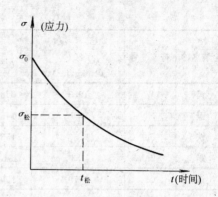

图 1-9 应力松弛过程中弹、
塑性变形转变示意图

图 1-10 松弛曲线

$\sigma_{松}$—松弛时的应力；$t_{松}$—产生松弛的时间

第二节 金属的其它性能

金属材料除具有力学性能之外，还有物理性能、化学性能和工艺性能等。

一、金属的物理性能

金属的物理性能是指金属材料在自然界中，对各种物理现象（如引力、温度变化、磁场作用等）的反应。它包括密度、熔点、导热性、热膨胀性及导电性等。

（一）密度

某种物质单位体积的质量称为该物质的密度，用 ρ 表示。其计算公式：

$$\rho = \frac{m}{V} \quad (\text{kg/m}^3) \tag{1-10}$$

式中 m——物质的质量（kg）；

V——物质的体积（m^3）。

金属材料的密度差别很大，见表 1-2 所示常用金属的密度。当密度小于 4.5（单位为 10^3kg/m^3，以下相同）的金属称为轻金属；当密度大于 4.5 的金属为重金属。如钢为 7.8～7.9，铸铁为 7.15 等。

金属材料的密度是一个重要的物理性能。随着科学技术的发展，机械设备都特别强调产品要体积小、容量大、自重轻、高速度。因此，要求金属材料密度小、强度高，目前工业上采用的铝合金、钛合金等都较好地满足了这一性能。

常用金属的物理性能

表 1-2

金属名称	符　号	密　度 ρ（20℃）（10^3kg/m^3）	熔　点（℃）	热导率 λ（W/（m·K））	线膨胀系数 α_1（0～100℃）（10^{-6}/℃）	电阻率 ρ（0℃）（$10^{-8}\Omega\cdot\text{m}$）
银	Ag	10.49	960.8	418.6	19.7	1.5
铜	Cu	8.96	1083	393.5	17	1.67～1.68（20℃）
铝	Al	2.7	660	221.9	23.6	2.655
镁	Mg	1.74	650	153.7	24.3	4.47

金属名称	符　号	密　度 ρ（20℃）($10^3kg/m^3$)	熔　点（℃）	热导率 λ（W/(m·K))	线膨胀系数 α_1（0~100℃）(10^{-6}/℃)	电阻率 ρ（0℃）($10^{-8}\Omega\cdot m$)
钨	W	19.3	3380	166.2	4.6（20℃）	5.1
镍	Ni	4.5	1453	92.1	13.4	6.84
铁	Fe	7.87	1538	75.4	11.76	9.7
锡	Sn	7.3	231.9	62.8	2.3	11.5
铬	Cr	7.19	1903	67	6.2	12.9
钛	Ti	4.508	1677	15.1	8.2	42.1~47.9
锰	Mn	7.43	1244	4.98（-192℃）	37	185（20℃）

（二）熔点

金属由固态转变为液态时的熔化温度称为熔点。常用金属的熔点见表1-2所示。

高熔点的金属材料在高温下工作时力学性能变化较小，材料的这一性能称为热稳定性。对于制造锅炉、汽轮机等耐高温零件，一般选用熔点高、热稳定性好的合金结构钢。

（三）导热性

金属传导热量的能力称为导热性。金属材料的导热性用热导率 λ 表示，单位 W/(m·K)。常用金属的热导率见表1-2所示。热导率愈大，导热性愈好。

导热性好的金属材料，在加热或冷却时内外温差小，产生的内应力也小。还有导热性好的金属材料散热好，在设计散热器和热交换器时，必须考虑这一特性，否则会降低设备的工作效率。

（四）热膨胀性

金属在加热时其体积增大，冷却时体积收缩的性质称为热膨胀性。金属的热膨胀性常用线膨胀系数 α_1 表示，单位为 1/℃ 或 1/K。即金属单位长度在温度升高 1℃ 或 1K 时伸长的大小。如碳素钢的热膨胀系数 α_1 为 11.4×10^{-6}/℃。其它常用金属的线膨胀系数见表1-2所示。

当安装或设计热力管网、锅炉、换热器等设备时，必须考虑材料的热膨胀性，在热力管线上要留有膨胀节。

（五）导电性

金属材料能传导电流的性能称为导电性。金属的导电性取决于它的电阻率 ρ（$\Omega\cdot m$）。电阻率愈小，导电性就愈好。金属中导电性最好的是银，其次是铜、铝。常用金属的电阻率见表1-2所示。

二、金属的化学性能

金属材料在常温或高温条件下，抵抗氧气和各种腐蚀介质对其侵蚀的能力，称为金属的化学性能。它包括抗氧化性、耐腐蚀性和化学稳定性。

（一）抗氧化性

金属材料在高温时抵抗氧化性腐蚀作用的能力，称为抗氧化性。对于制造工业锅炉、高温管网、汽轮机等设备的材料，要求具有良好的抗氧化性能，一般采用耐热钢，否则表面就会很快被氧化而脱落损失掉，造成管壁变薄、强度下降。

（二）耐腐蚀性

金属材料在常温下抵抗氧、水蒸汽及其它化学介质腐蚀破坏作用的能力，称为耐腐蚀性。常见的腐蚀现象，如钢铁生锈、铜生铜绿等。

耐腐蚀性是金属材料的重要性能，尤其对长期在腐蚀介质中工作的零件，不仅要考虑材料的力学性能，而且还要考虑材料的耐腐蚀性。如石油化工设备、给排水设备等，都要有较高的耐腐蚀性。

（三）化学稳定性

化学稳定性是金属材料抗氧化性和耐腐蚀性的总称。金属材料在高温下的化学稳定性叫做热稳定性。对于长期在高温下工作的机械零件，要选择具有良好热稳定性的材料制造。

三、金属的工艺性能

金属的工艺性能是指金属材料能否适应各种加工工艺要求的性能。主要包括铸造性、焊接性、锻造性、切削性和热处理工艺性等。

金属材料的工艺性能对保证产品质量、提高生产效率、降低成本都有着十分重要的作用。

习　题

1. 什么是金属的力学性能？它包括哪些主要性能？

2. 强度的含义是什么？评定指标如何？

3. 什么是塑性变形？常用的塑性指标是什么？$\delta_5 = 22\%$ 的含义是什么？

4. 某钢材的拉伸试样做成 $d_0 = 10mm$、$l_0 = 50mm$，在拉伸试验中测得相当于弹性极限载荷 $F_e = 17640N$，屈服点的载荷 $F_s = 27930N$，试样拉断前的最大载荷 $F_b = 51940N$，拉断后标距 $l_1 = 62.5mm$，断裂处最小直径 $d_1 = 7mm$。试求该钢材的 σ_e、σ_s、σ_b、δ_5、ψ 值各为多少？

5. 什么是硬度？常用硬度测验方法有哪几种？

6. 什么是冲击韧性？其值如何表示？A_K 的含意是什么？

7. 拉伸试验、冲击试验及疲劳试验时，所承受的载荷分别属于哪种类型的载荷？

8. 什么是金属的蠕变现象？蠕变特点是什么？蠕变极限 $\sigma_{0.2/10^5}^{600} = 200MPa$ 的含义是什么？

9. 什么是金属的物理性能？包括哪些性能？

10. 什么是金属的化学性能？包括哪些性能？

11. 什么是金属的工艺性能？包括哪些性能？

第二章　金属的基本结构

第一节　金属的晶体结构

一、晶体的概念

（一）晶体与非晶体

一切物质都是由原子组成，根据物质内部原子排列状态不同，物质可分为晶体和非晶体两大类。所谓晶体是指内部原子具有规则排列的物质；而非晶体物质内部原子排列呈杂乱无序状态。

在自然界中只有少数物质（如松香、玻璃、塑料）属于非晶体，而绝大多数的固体物质，包括金属都是晶体。由于晶体内部原子排列的规律性，晶体一般具有外形比较规则、有一定的熔点，在各方向上的性能不同等特点。

（二）晶体结构

晶体内部原子是按一定的几何规律排列的，如图 2-1 (a) 所示。为了便于分析晶体中原子排列规律，将原子假想化，即把每个原子看成一个点，把此点用直线连接起来，形成一个三维空间的格子，这种空间格子称为晶格，如图 2-1 (b) 所示。在晶体中能够完整反映晶格特征的最小几何单元体称为晶胞，如图 2-1 (c) 所示。晶胞的各棱边长 a、b、c 称为晶格常数，其单位为 Å（埃，$1\text{Å} = 10^{-10}\text{m}$）。晶胞各边夹角分别用 α、β、γ 表示。

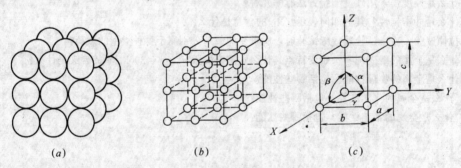

(a) 　　　　　　　(b) 　　　　　　　(c)

图 2-1　晶体及晶格示意图

(a) 晶体内部原子排列情况；(b) 晶格；(c) 晶胞

可以这样认为，整个晶体的晶格是由晶胞在空间重复堆积而成。所以，晶胞中原子排列的规律，能代表整个晶格的原子排列规律。因此，用晶胞反映金属的原子排列规律比较简单。

（三）常见的金属晶格类型

金属的晶格类型很多，但大部分金属属于以下三种常见的晶格类型。

1. 体心立方晶格

体心立方晶格的晶胞，八个顶角上和立方体中心各有一原子，如图2-2所示。属于这种晶格类型的金属有α-Fe（纯铁在912℃以下称为α-Fe）铬、钒、钨、钼等。

2. 面心立方晶格

面心立方晶格的晶胞也是一个立方体，原子位于立方体八个顶角上和立方体六个面的中心，如图2-3所示。属于这种晶格类型的金属有γ-Fe（纯铁在912～1394℃称为γ-Fe）、铝、铜、铅、镍等。

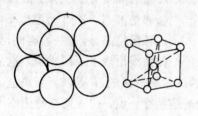

图2-2　体心立方晶格

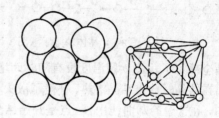

图2-3　面心立方晶格

3. 密排六方晶格

密排六方晶格的晶胞是一个六方柱体，原子排列在柱体的每个顶角和上、下底面中心，另外还有三个原子排列在柱体的中间，如图2-4所示。属于这种晶格类型的金属有镁、镉、锌等。

（四）实际金属的晶体结构

原子排列绝对规则的晶体是理想晶体，又称单晶体。实际金属特别是工业上常用的金属材料，都是多晶体结构并存在着晶体缺陷。

由于金属材料在结晶过程中受很多因素限制，其内部结构都是由许多尺寸很小，结晶方向各异的小晶体组成的多晶体结构，如图2-5所示。组成多晶体的每个小晶体称为晶粒。晶粒与晶粒之间的界面称为晶界。

实际金属中原子排列也是不完整的，存在着"间隙原子"、"空位"、"位错"等缺陷，这些缺陷称为晶体缺陷，如图2-6所示。

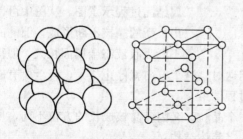

图2-4　密排六方晶格

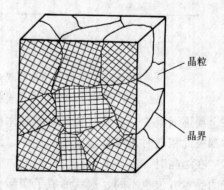

晶粒

晶界

图2-5　多晶体结构示意图

二、金属的结晶过程

（一）金属的冷却曲线及过冷度

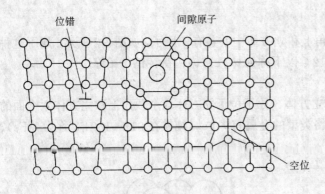

图 2-6 晶体缺陷示意图

金属由液态凝结成固态的现象称为结晶。金属的结晶是在某一温度下，经过一段时间完成的，如果以温度、时间为坐标轴，记录下温度随时间变化的过程，可得到冷却曲线。图 2-7 为纯金属的冷却曲线，它反映了纯金属在结晶时，温度随时间变化的关系，a 点以上的金属是液态，冷却时温度下降到 a 点开始结晶，经过一段时间，到 b 点

结晶全部完了。a、b 段温度没有随时间增加而下降，冷却曲线出现了一段水平，这是由于金属在结晶时放出结晶潜热，补偿了散失在空气中的热量所形成的，b 点以下金属全部变为固态。在这个冷却曲线中，a 点是开始结晶点；b 点是结晶终止点；a、b 两点称为临界点或临界温度。

图 2-7（a）中的冷却曲线是在极慢冷却速度条件下测定的，其 a、b 段对应的温度值 T_0 称为理论结晶温度。但是，实际金属在冷却过程中，冷却速度较快，此时的实际结晶温度 T_1 低于理论结晶温度 T_0，如图 2-7（b）所示，这个现象称为过冷。理论结晶温度与实际结晶温度之差叫做过冷度，用 ΔT 表示，即 $\Delta T = T_0 - T_1$。

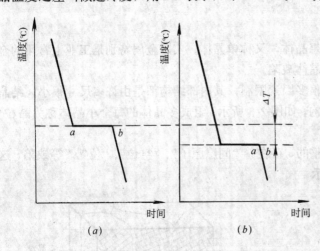

图 2-7　纯金属的冷却曲线

（a）理论冷却曲线；（b）实际冷却曲线

（二）金属的结晶过程

液态金属向固态转变是不可能在瞬间完成的，它具有一个由局部到整体的结晶发展过程。实验证明，金属结晶时首先是在液态金属中形成一些极微小的晶体，然后以这部分微小的晶体为核心，不断地向液态金属中发展。这种最早出现作为结晶核心的微小晶体，称为晶核。金属的结晶过程，就是形成晶核与晶核长大的过程。图 2-8 是金属结晶过程示意图，从图中可以看出，新的晶核不断形成，旧的晶核不断吸收液态金属而长大，使得液

态金属逐渐减少。由晶核长起来的晶体彼此相遇时，这个方向就停止长大，直至所有的晶体都彼此相遇时，液态金属全部耗尽，结晶过程结束。

在结晶时，由一个晶核长成的晶体就是一个晶粒。又因各晶核成长的方位不同，所形成的晶粒方位也不同，这就形成了实际金属的多晶体结构。

三、晶粒大小对力学性能的影响

晶粒大小对金属材料的力学性能影响很大。实验证明，晶粒愈细小，金属的强度、硬度愈高，塑性、韧性愈好。表 2-1 为晶粒大小对纯铁力学性能的影响。

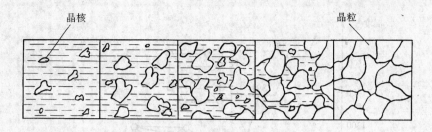

图 2-8　金属结晶过程示意图

晶粒大小对纯铁力学性能的影响　　　　　　　　　　　　　　　表 2-1

晶粒平均直径（μm）	σ_b（MPa）	σ_s（MPa）	δ（%）
70	184	34	30.6
25	216	45	39.5
2.0	268	58	48.8
1.6	270	66	50.7

　　为了提高金属的力学性能，必须控制金属晶粒的大小。晶粒大小取决于结晶时的形核率 N（单位时间、单位体积内所形成的晶核数目）和晶核的长大速度 V。形核率愈大、晶核数目就愈多、晶核长大的余地就愈小、结晶后晶粒就愈细小；晶核的长大速度愈慢、在长大过程中产生的晶核数目就愈多、晶粒就愈细小。因此，细化晶粒的方法常用增大过冷度、变质处理及附加振动来提高晶核数目，达到细化晶粒。图 2-9 为形核率 N 和长大速度 V 与过冷度 ΔT 的关系。

四、金属的同素异构转变

　　金属在固态下随温度的变化，由一种晶格转变为另一种晶格的现象，称为同素异构转变。具有同素异构转变的金属有铁、钴、钛、锡、锰等。以不同晶格形式存在的同一金属元素的晶体称为该金属的同素异晶体。同一金属的同素异晶体按其稳定存在的温度，由低温到高温依次用 α、β、γ、δ 等表示。图 2-10 为纯铁的同素异构转变示意图。纯铁在 912℃ 以下为 α-Fe，具有体心立方晶格；在 912～1394℃ 为 γ-Fe 是面心立方晶格；在 1394～1538℃ 为 δ-Fe 是体心立方晶格。

　　金属的同素异构转变不只是组织结构的变化，相应的金属性能也发生很大变化，金属的热处理工艺就是根据这个原理来改变金属的力

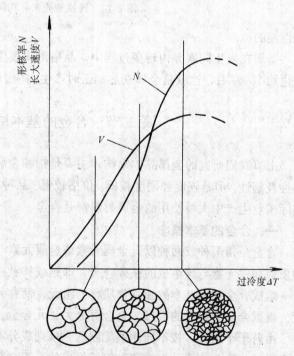

图 2-9　形核率 N 和长大速度 V 与过冷度 ΔT 的关系

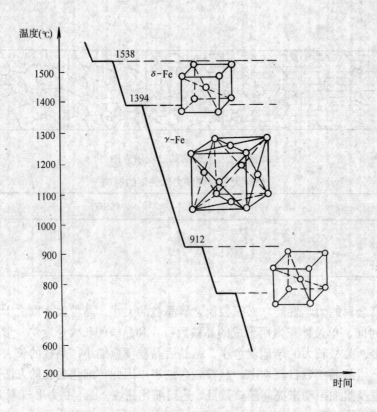

图 2-10　纯铁的同素异构转变示意图

学性能的。

金属在发生同素异构转变过程中，晶格形式发生变化，随之晶格常数也变化，其体积变化约1%左右，这就是金属在热加工时产生内应力的主要原因。

第二节　合金的基本结构和组织

上节我们研究的金属晶体结构，主要是指纯金属。纯金属虽然具有良好的导电性、导热性及塑性，但是强度和硬度较低、价格较贵、品种单一，所以在应用上受到很大限制。在实际工业生产中大量使用的金属材料都是合金。

一、合金的基本概念

合金是指两种或两种以上金属元素或金属元素与非金属元素组成的，具有金属特性的物质。如铁元素与碳组成的铁碳合金，即钢或铸铁；铜与锌组成的铜锌合金为黄铜等。

组成合金的最基本的独立物质称为组元，简称元。纯铁和碳是组成铁碳合金的两个组元。根据合金中组元的数目，合金可分为二元合金、三元合金和多元合金等。

由若干个组元，按不同比例配制的一系列成分不同的合金，这一系列的合金构成一个合金系统，称为合金系。由两种组元组成的一组合金称为二元合金系，如铁碳合金就属于二元合金系。

合金中成分、结构及性能相同，并有明显界面分开的各均匀组成部分称为相。例如纯铁在1538℃时开始从液体中结晶出δ-Fe，结晶过程中液相和δ-Fe固相两相共存，当结晶终了只剩下单一的δ-Fe相。

二、合金的结构

合金的结构比纯金属复杂，根据合金中各组元之间相互作用的不同，合金的结构可分为固溶体、金属化合物和机械混合物等三种类型。

（一）固溶体

合金在结晶时，由某一组元晶格内溶解了其它组元的原子，所形成的金属晶体称为固溶体。在固溶体结构中，保持原有晶格的组元称为溶剂；晶格消失，以原子形式参加到溶剂晶格的组元称为溶质。可见，固溶体的晶格类型与溶剂组元晶格相同。

固溶体按溶质原子在溶剂晶格中所处位置不同，分为置换固体和间隙固溶体。置换固溶体是指溶质原子代替部分溶剂原子，而占据溶剂晶格上某些结点所形成的固溶体，如图2-11（a）所示。间隙固溶体是指溶质原子位于溶剂晶格的空隙中所形成的固溶体，如图2-11（b）所示。

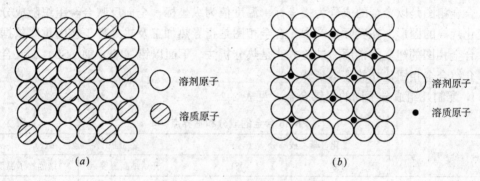

溶剂原子

溶质原子

溶剂原子

溶质原子

图 2-11　固溶体结构示意图
（a）置换固溶体；（b）间隙固溶体

值得提出的是，无论是间隙固溶体还是置换固溶体，虽然都保持着溶剂金属的晶格类型，但因溶质原子的溶入而使溶剂晶格发生畸变，如图2-12所示。晶格的畸变阻碍了位错运动，使晶界间滑移变小，从而提高了合金抵抗塑性变形的能力，使固溶体强度和硬度提高。通过溶入溶质元素形成固溶体，使金属材料的强度、硬度提高的现象称为固溶强化。固溶强化是提高金属材料力学性能的重要途径之一。

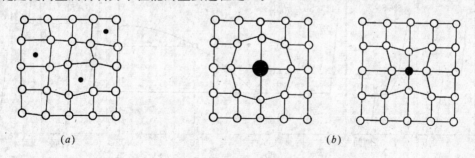

图 2-12　形成固溶体时的晶格畸变示意图
（a）间隙固溶体；（b）置换固溶体

（二）金属化合物

组成合金的组元按照一定原子数量比，相互化合组成一种完全不同于原来组元晶格的固体物质，称为金属化合物。

金属化合物的晶格一般比较复杂，其特点是熔点高、硬度高，但脆性大。因此，单相金属化合物应用较少，但作为合金中的一个组成相，分布在固溶体基体上能使合金得到强化，从而提高合金的强度、硬度和耐磨性。

（三）机械混合物

组成合金的基本相有纯金属、固溶体以及金属化合物，它们的晶粒可以互相形成混合物，同时保持各自原有的晶格和性能，只是按一定重量比机械地混合在一起。这种由两相或多相混合构成的组织称为机械混合物。

工业上使用的多数合金属于机械混合物，如钢、铸铁、硬质铝合金等。机械混合物的性能，取决于组成相的性能及它们的形状、大小、相对数量和分布状态。

三、二元合金相图

合金相图是以合金的成分为横坐标、温度值为纵坐标，全面反映合金组织随成分、温度变化规律的图形。在实际生产中，合金相图是指导热加工及热处理工艺的重要依据。

合金相图的建立，常用的试验方法是热分析法。下面以铅（Pb）锑（Sb）二元合金为例，介绍合金相图建立的基本步骤：

1. 配制几组成分不同的铅锑合金，见表 2-2。

合 金 序 号	化 学 成 分 （%）		临 界 点 （℃）	
	Pb	Sb	开始结晶温度	结晶终了温度
1	100	0	327	327
2	95	5	300	252
3	89	11	252	252
4	50	50	490	252
5	0	100	631	631

Pb-Sb 合金的成分和临界点　　　　　　表 2-2

2. 分别用热分析法作出各组合金的冷却曲线，如图 2-13 所示。

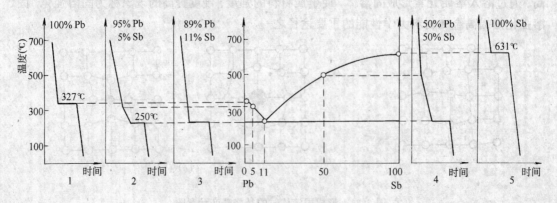

图 2-13　Pb-Sb 合金相图的绘制

3. 找出冷却曲线上的临界点，分别标记在对应的成分、温度坐标中，见图 2-13。

4. 连接各相同意义的临界点，得到铅锑二元合金相图，如图 2-13 所示。

第三节 铁 碳 合 金

铁碳合金是指以铁和碳为组元所构成的二元合金。工业上应用最广的钢铁材料都属于铁碳合金。

一、铁碳合金的基本组织

根据铁和碳结合时的温度及含碳量的不同，铁碳合金可形成五种基本组织，即铁素体、奥氏体、渗碳体、珠光体和莱氏体。

（一）铁素体

碳溶解在 α-Fe 中形成的间隙固溶体称为铁素体，用 F 表示。

α-Fe 的溶碳能力很低，常温时为 0.001% 以下，727℃时溶解度最大，也只有 0.0218%，因此固溶强化的效果不明显。铁素体的性能与纯铁相似，强度、硬度低（σ_b＝180～280MPa，50～80HBS），塑性、韧性好（δ＝30%～50%，α_K＝160～200J/cm²）。

铁素体的显微组织（在金相显微镜下观察到的组织结构，称为显微组织。）为均匀灰白色多边形晶粒，如图 2-14 所示。

（二）奥氏体

碳溶解在 γ-Fe 中形成的固溶体称为奥氏体，用 A 表示。

由于 γ-Fe 的溶碳能力较高，在 1148℃时含碳量可达 2.11%，因此固溶强化效果较明显。所以，奥氏体有一定的强度、硬度（σ_b＝400MPa，160～200HBS），塑性较好（δ＝40%～50%）。奥氏体是在 727～1495℃高温下存在的组织，变形抗力小易于锻造加工。

奥氏体的晶粒也是多边形，其显微组织近似于铁素体，如图 2-15 所示。

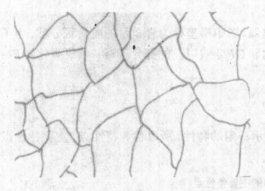

图 2-14 铁素体的显微组织

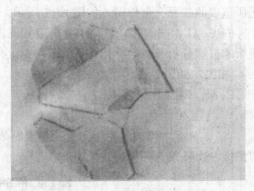

图 2-15 奥氏体的显微组织

（三）渗碳体

铁与碳形成的稳定化合物称为渗碳体，用化学式 Fe_3C 表示。渗碳体的含碳量较高为 6.69%，不随温度变化而改变。在铁碳合金中，当碳含量超过铁的溶解能力时，多余的碳就以渗碳体的形式存在于合金之中。渗碳体具有复杂的晶格形式，是一种硬而脆的组织（800HBW，δ＝0，α_K＝0），在钢中起强化作用，它的存在及分布形式对铁碳合金的力学性能影响很大。

（四）珠光体

铁素体和渗碳体组成的机械混合物称为珠光体，用 P 表示。珠光体存在于 727℃ 以下，其平均含碳量为 0.77%。由于珠光体是由塑性好的铁素体和硬度高的渗碳体组成的机械混合物，所以其力学性能介于它们两者之间，强度较高、硬度适中、有一定的塑性和韧性（σ_b＝770MPa，180HBS，δ＝20%～35%，α_K＝30～40J/cm^2）的综合力学性能。

珠光体的显微组织是铁素体与渗碳体呈片状组织，如图 2-16 所示。

图 2-16　珠光体的显微组织

（五）莱氏体

由奥氏体与渗碳体组成的机械混合物称为莱氏体，用 L_d 表示。莱氏体的平均含碳量为 4.3%，由于奥氏体在 727℃ 时转变为珠光体，所以室温下的莱氏体是由珠光体和渗碳体组成的机械混合物，用 L_d' 表示。

由于莱氏体中的渗碳体含量较高，因此力学性能近似于渗碳体，硬度高、塑性极差。

在以上五种铁碳合金的基本组织中，奥氏体、铁素体、渗碳体是单相组织，称为铁碳合金的基本相；而珠光体、莱氏体则是由基本相混合组成的多相组织。

二、铁碳合金相图

铁与碳可以形成很多种金属化合物，如 Fe_3C、Fe_2C、FeC。但当含碳量超过 5% 时，铁碳合金的性能变的脆性极大、硬度极高，在工业上没有使用价值。因此，研究铁碳合金相图，只研究含碳量小于 6.69% 的部分，也就是 Fe 到 Fe_3C 之间的部分。这里的 Fe_3C 可以看成是组成铁碳合金的一个独立组元，所以铁碳合金相图，也可以认为是 Fe 和 Fe_3C 两个组元所组成的二元合金相图，如图 2-17 所示。

Fe-Fe_3C 相图的建立与 Pb-Sb 合金相图类似，图中横坐标为含碳量的质量百分数。为了便于掌握和分析 Fe-Fe_3C 相图，将图中左上角和 GPQ 线以左的部分省略，形成简化的 Fe-Fe_3C 相图，如图 2-18 所示。

Fe-Fe_3C 相图中主要特性点、特性线：

1. 特性点

在 Fe-Fe_3C 相图中，用字母标出的点都表示一定的特性，所以称为特性点。主要特性点的温度、成分及含义如表 2-3。

Fe-Fe₃C 相图中的主要特性点　　　　　　　　　　　　　　表 2-3

特性点	温度（℃）	含碳量（%）	含　　　义
A	1538	0	纯铁的熔点
C	1148	4.3	共晶点，$L_c \rightleftharpoons A + Fe_3C$
D	1227	6.67	渗碳体的熔点
E	1148	2.11	碳在 γ-Fe 中最大溶解度
G	912	0	纯铁的同素异构转变点，α-F $\rightleftharpoons$ γ-Fe
S	727	0.77	共析点，$A_s \rightleftharpoons F + Fe_3C$

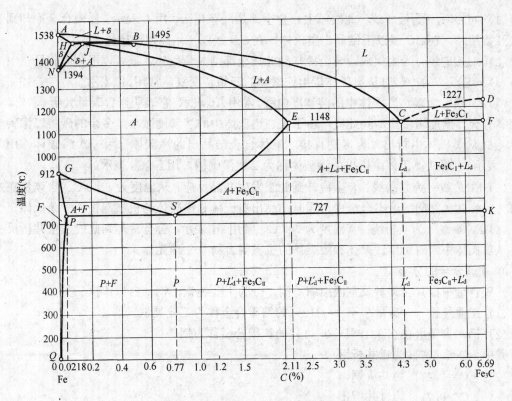

图 2-17　Fe-Fe₃C 相图

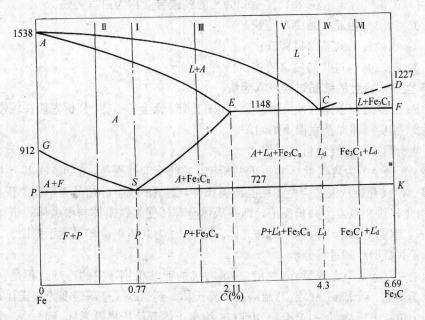

图 2-18　简化的 Fe-Fe₃C 相图

2. 特性线

Fe-Fe₃C 相图中,各条线均表示铁碳合金内部组织发生转变时的界线,所以这些特性线就是组织转变线。

（1）ACD 线　为液相线。此线以上合金全部是液态相区，用 L 表示。铁碳合金冷却到此线开始结晶，在 AC 线以下结晶出奥氏体，在 CD 线以下结晶出渗碳体。

（2）$AECF$ 线　为固相线。合金冷却到此线全部结晶为固体，该线以下为固相区。

（3）GS 线　为冷却时从奥氏体析出铁素体的开始转变线，常用 A_3 表示。

（4）ES 线　为碳在奥氏体中的溶解度曲线，常用 A_{cm} 表示。它表明当含碳量大于 0.77% 的铁碳合金，温度缓慢冷却到此线，由于碳在奥氏体中的溶解度减小，多余的碳将以渗碳体的形式从奥氏体中析出。为区别直接从液体合金结晶出的渗碳体（为一次渗碳体，用 Fe_3C_I 表示），将从奥氏体中析出的渗碳体称为二次渗碳体，用 Fe_3C_{II} 表示。

（5）ECF 线　为共晶线。合金冷却到此线发生共晶反应，从温度为 1148℃、含碳量在 2.11%～6.69% 之间的液态合金中，同时结晶出奥氏体和渗碳体的机械混合物——莱氏体。

（6）PSK 线　为共析线。其温度为 727℃，常用 A_1 表示。合金冷却到此线发生共析反应，从奥氏体中同时析出铁素体和渗碳体的机械混合物——珠光体。

3. 铁碳合金的分类

铁碳合金根据其含碳量及室温组织不同，分为工业纯铁、钢、白口铸铁三类。

（1）工业纯铁　含碳量小于 0.0218% 的铁碳合金称为工业纯铁。

（2）钢　含碳量在 0.0218%～2.11% 的铁碳合金称为钢。

其中：C<0.77% 为亚共析钢；

　　　 C=0.77% 为共析钢；

　　　 C>0.77% 为过共析钢。

（3）白口铸铁　含碳量在 2.11%～6.69% 的铁碳合金称为白口铸铁。

其中：C<4.3% 为亚共晶白口铸铁；

　　　 C=4.3% 为共晶白口铸铁；

　　　 C>4.3% 为过共晶白口铸铁；

三、典型铁碳合金的结晶过程及其组织

在 Fe-Fe$_3$C 相图中选择六种典型合金（如图 2-18，合金 I - Ⅵ），分析它们在缓慢冷却时的结晶过程、相变规律以及室温下的组织。

（一）共析钢冷却过程分析

如图 2-18 合金 I 为含碳量 0.77% 的共析钢，它的冷却过程是，在 AC 线以上为液态合金，冷却到 AC 线开始从液态合金中结晶出奥氏体，到 AE 线全部结晶为单相奥氏体，在 S 点以上无相变，到 S 点发生共析反应，即奥氏体全部转变为铁素体与渗碳体的机械混合物——珠光体。室温下的组织为单一的珠光体。图 2-19 为共析钢冷却过程示意图。

（二）亚共析钢冷却过程分析

如图 2-18 合金 Ⅱ 为含碳量 0.0218%～0.77% 的亚共析钢，它的冷却过程是，合金在 AC 线以上为液态，冷却到 AC 线开始结晶出奥氏体，到 AE 线全部转变为奥氏体，AE 至 GS 无相变为单相奥氏体组织，合金冷却到 GS 线奥氏体开始析出铁素体，到 PSK 线发生共析反应，将剩余的奥氏体全部转为珠光体。室温下亚共析钢的组织为铁素体加珠光体。图 2-20 为亚共析钢冷却过程示意图。

（三）过共析钢冷却过程分析

如图 2-18 合金 Ⅲ 为含碳量 0.77%～2.11% 的过共析钢，其冷却过程是，AC 线以上为

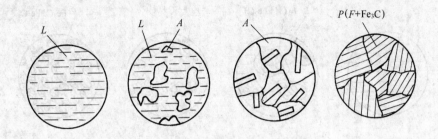

图 2-19　共析钢冷却过程示意图

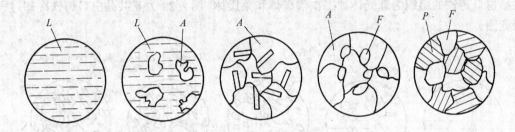

图 2-20　亚共析钢冷却过程示意图

液态合金，冷却到 AC 线开始析出奥氏体，AE 线以下为单相奥氏体，到 ES 线开始从奥氏体中析出二次渗碳体，到 PSK 线发生共析反应，剩余的奥氏体转变为珠光体。室温下的组织为珠光体加二次渗碳体。图 2-21 为过共析钢冷却过程示意图。

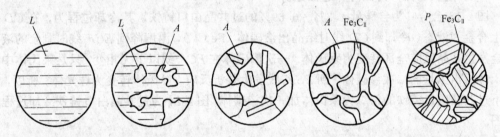

图 2-21　过共析钢冷却过程示意图

（四）共晶白口铸铁冷却过程分析

图 2-18 合金 IV 为含碳量 4.3% 的共晶白口铸铁，其冷却过程为，当液态合金温度降到 C 点时发生共晶反应，液态合金全部转变为奥氏体与渗碳体组成的机械混合物——莱氏体 L_d。随着温度下降，从共晶体内的奥氏体不断析出二次渗碳体，到 PSK 线剩余的奥氏体发生共析反应转变为珠光体。所以，室温时的莱氏体组织为珠光体和渗碳体组成的机械混合物，用 L_d' 表示。图 2-22 为共晶白口铸铁冷却过程示意图。

（五）亚共晶白口铸铁冷却过程分析

图 2-18 合金 V 为含碳量 2.11%～4.3% 的亚共晶白口铸铁，其冷却过程为，合金在 AC 线以上为液态，冷却到 AC 线开始结晶出奥氏体，到 ECF 线时剩余的液态合金发生共晶反应，全部转变为莱氏体。随着温度下降，此时的奥氏体和莱氏体中的奥氏体均要析出二次渗碳体，到 PSK 线时发生共析反应，合金中的奥氏体全部转变为珠光体。所以，室温下亚

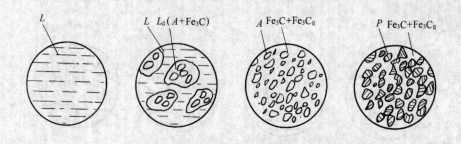

图 2-22　共晶白口铸铁冷却过程示意图

共晶白口铸铁的组织为珠光体加二次渗碳体和莱氏体。图 2-23 为亚共晶白口铸铁冷却过程示意图。

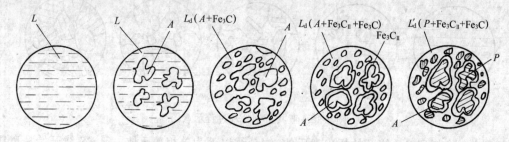

图 2-23　亚共晶白口铸铁冷却过程示意图

（六）过共晶白口铸铁冷却过程分析

图 2-18 合金 Ⅵ 为含碳量 4.3%～6.69% 的过共晶白口铸铁，其冷却过程为，在 CD 线以上合金为液态，冷却到 CD 线时结晶出渗碳体（Fe_3C_I），温度降到 ECF 线时剩余的液态合金发生共晶反应全部转变为莱氏体。一次渗碳体在 ECF 线以下无相变，只是莱氏体中的奥氏体析出少量的二次渗碳体，到 PSK 线发生共析反应，奥氏体转变为珠光体。所以，室温下过共晶白口铸铁的组织为莱氏体加一次渗碳体。图 2-24 为过共晶白口铸铁冷却过程示意图。

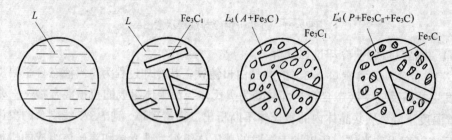

图 2-24　过共晶白口铸铁冷却过程示意图

四、碳对铁碳合金组织和力学性能的影响

从铁碳合金的冷却过程及其组织转变可以看出，铁碳合金在室温下的实际组成相只有铁素体 F 和渗碳体 Fe_3C，见表 2-4。随着铁碳合金中含碳量的增加渗碳体的含量增加，铁素体的相对含量减少。

合 金 名 称	含 碳 量 （%）	组 织
亚共析钢	0.0218～0.77	$F+P$（$F+Fe_3C$）
共析钢	0.77	P（$F+Fe_3C$）
过共析钢	0.77～2.11	$P+Fe_3C_I$
亚共晶白口铸铁	2.11～4.3	$P+L'_d$（$P+Fe_3C_I+Fe_3C$）$+Fe_3C_I$
共晶白口铸铁	4.3	L'_d（$P+Fe_3C_I+Fe_3C$）
过共晶白口铸铁	4.3～6.69	L'_d（$P+Fe_3C_I+Fe_3C$）

另外，铁碳合金的力学性能也与其含碳量有关，随着含碳量的增加，渗碳体的含量增加，铁碳合金的强度、硬度提高，而塑性、韧性下降，如图 2-25 所示。铁碳合金的力学性能除与渗碳体的含量有关外，还与渗碳体的形状及分布有关。对于钢而言，如果渗碳体以片状与铁素体组合，合金的强度、硬度都得到提高。当含碳量超过 0.77% 以后，渗碳体开始分布在珠光体的边界上形成网状，含碳量愈高、网状渗碳体愈多。所以，当含碳量大于 1.0% 时，合金的硬度虽然升高，但强度反而下降。因此，工业上使用的钢材，为了保证既有较好的强度、硬度，又有一定的塑性和韧性，一般含碳量不超过 1.3%～1.4%。

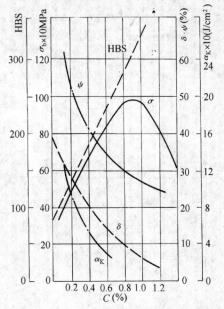

图 2-25 含碳量对钢的力学性能的影响

习 题

1. 什么是晶体？什么是非晶体？它们在结构和性能上有什么不同？

2. 何谓晶格、晶胞、晶格常数、晶粒、晶界？

3. 金属常见的晶格类型有哪几种？

4. 实际金属的晶体结构有哪两个特点？

5. 何谓过冷现象和过冷度？

6. 纯金属的结晶有哪两个过程组成？

7. 金属的晶粒大小对力学性能有何影响？细化晶粒的措施有哪些？

8. 什么是金属的同素异构转变？纯铁在 1100℃、900℃ 以及室温时分别具有何种晶格型式？

9. 什么叫合金？合金结构的基本类型有哪些？

10. 什么是固溶体？什么叫固溶强化？

11. 铁碳合金的基本组织有哪些种？哪些为基本相？哪些是由基本相混合成的多相组织？

12. 何谓铁素体、奥氏体、珠光体、渗碳体、莱氏体？

13. 什么是一次渗碳体？什么是二次渗碳体？

14. "L_d" 和 "L'_d" 各代表什么？其组织结构有什么不同？

15. 绘出简化后的 $Fe-Fe_3C$ 相图，并说明各特性点、特性线的含意，填出图中各区域的合金组织。

16. 什么叫共晶反应？什么叫共析反应？以铁碳合金为例说明这两种转变的特点及产物。

17. 试分析含碳量为 0.45% 和 1.2% 的钢，从液态冷却到室温的组织转变过程？

18. 试比较含碳量为 0.25%、0.7%、1.2% 三种钢的室温组织和力学性能有什么不同？

19. 随着含碳量的增加，钢的组织和力学性能有何变化？

20. 工业上使用的钢材含碳量一般为多少？为什么？

第三章　钢 的 热 处 理

钢的热处理是将钢在固态下，用适当的方法进行加热、保温和冷却，以达到改变组织结构、获得所需性能的一种工艺。

钢的热处理根据加热、冷却及组织变化特点分为以下两类：

1. 普通热处理　包括退火、正火、淬火和回火等。

2. 表面热处理　包括表面淬火和表面化学热处理。

钢的热处理可以提高钢的力学性能，充分发挥钢的潜力，节约材料、能延长寿命，还能改善钢的工艺性能等。因此，钢的热处理广泛应用于机械制造、工具及重要的机械零件等。

热处理工艺都要经过加热、保温和冷却三个阶段，如果把它们描绘在以"温度—时间"为坐标系的坐标中，所形成的曲线称为热处理工艺曲线。如图 3-1 所示。

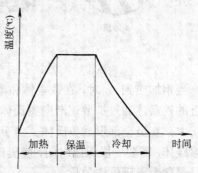

图 3-1　热处理工艺曲线

第一节　钢在加热及冷却时的组织转变

一、转变临界温度

Fe-Fe$_3$C 相图中钢的部分，是研究钢在热处理时温度及组织转变的基础。在 Fe-Fe$_3$C 相图中，A_1、A_3、A_{cm} 是钢在极缓慢的加热和冷却时的临界温度，而实际生产中总是出现过热和过冷现象，即加热时要高于、冷却时要低于相图上的临界温度。为了便于区别，通常把实际加热时的临界温度分别用 A_{c1}、A_{c3}、A_{ccm} 表示；冷却时的临界温度用 A_{r1}、A_{r3}、A_{rcm}，如图 3-2 所示。

二、钢在加热时的组织转变

钢在加热到稍高于 A_{c1} 以上时，将发生珠光体向奥氏体转变，转变的最终结果是，形成单一的奥氏体组织称为奥氏体化。

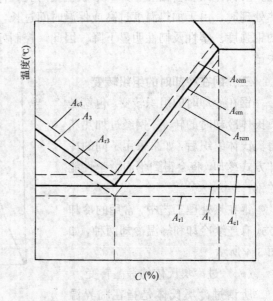

图 3-2　钢在加热和冷却时的临界温度

（一）奥氏体的形成

以共析钢为例分析奥氏体的形成过程。共析钢的室温组织是珠光体，它向奥氏体转变的过程与金属结晶相似，也是通过形核及晶核长大的过程来完成的。图3-3是共析钢中奥氏体形成过程示意图。

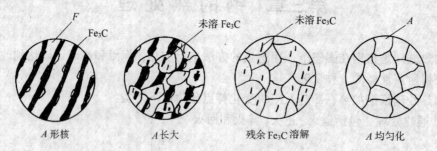

图 3-3　共析钢中奥氏体形成过程示意图

当钢加热到 A_{c1} 时，在铁素体和渗碳体的相界面上形成奥氏体晶核。然后，奥氏体晶核附近的铁素体通过扩散逐渐向奥氏体转变，同时渗碳体不断的溶解于奥氏体中，使得奥氏体长大，直至全部形成奥氏体。由于最初形成的奥氏体晶粒成分不均匀，尚有部分未溶解的渗碳体，需要一段保温时间，使奥氏体中的碳原子充分扩散，内部成分逐渐达到均匀，这一过程称为奥氏体均匀化。

（二）奥氏体晶粒的长大

在珠光体向奥氏体转变开始时，相界面上形成奥氏体晶核较多，因此奥氏体形成初期晶粒总是比较细小，这样不论钢的原来晶粒如何，都可以通过奥氏体化来细化晶粒。当细小晶粒的奥氏体及时冷却，室温下就可得到细晶粒组织。如果提高加热温度或延长保温时间，奥氏体晶粒会相互合并，形成粗大的奥氏体晶粒，冷却后成为粗晶粒组织。一般钢在热处理时，由于加热温度过高或保温时间过长，而使晶粒粗大的现象称为过热。产生过热的钢强度、塑性及韧性明显下降。因此，控制好加热温度和保温时间是保证热处理质量的关键。

三、钢在冷却时的组织转变

钢在冷却时的组织转变，也就是奥氏体冷却时的转变。钢经过加热获得奥氏体组织后，如果采用不同的冷却方式冷却，将会得到不同力学性能的钢。

钢在热处理工艺中，常用的冷却方式有连续冷却和等温冷却两种，如图3-4所示。

（一）过冷奥氏体的等温转变。

所谓过冷奥氏体是指在临界温度 A_1 以下存在的奥氏体。将过冷奥氏体在某一温度进行保温，使其在该

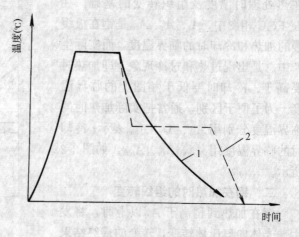

图 3-4　两种冷却方式示意图
1—连续冷却；2—等温冷却

温度下转变称为过冷奥氏体等温转变。

1. 奥氏体等温转变图

以共析钢为例来研究奥氏体等温转变图的建立。

将含碳量为 0.77% 的共析钢制成若干个试样，同时加热到 A_{c1} 以上，使其成为均匀的奥氏体组织。然后，分别迅速地放入低于 A_1 的不同温度（如 710℃、650℃、550℃、500℃、450℃、350℃……）的熔盐槽中，迫使奥氏体过冷，并发生等温转变。再测出不同温度的过冷奥氏体，在转变过程中的转变开始及终了的时间，把它们按相应的位置标记在"时间—温度"坐标图上。分别连接各开始转变点（a_1，a_2，a_3……）和转变终了点（b_1，b_2，b_3……），便得到图 3-5 所示的曲线图，称为奥氏体等温转变图，也称 C 曲线图。

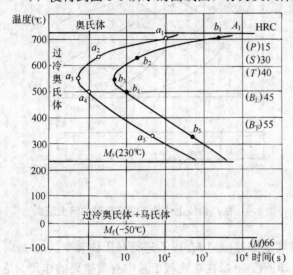

图 3-5　共析钢奥氏体等温转变曲线建立方法示意图

由共析钢的奥氏体等温转变图可知，在 A_1 以上是稳定的奥氏体区域；a 曲线为奥氏体转变开始线，在该线以左是过冷奥氏体区（又称为孕育期）；b 曲线为过冷奥氏体转变终了线，该线以右是转变产物区；下方的两条水平线，一条是过冷奥氏体向马氏体转变开始温度线，约为 230℃，用 M_s 表示；另一条是过冷奥氏体向马氏体转变终了温度线，约为 −50℃，用 M_f 表示。

2. 奥氏体等温转变产物

过冷奥氏体根据等温转变温度，在 M_s 线以上可发生珠光体转变和贝氏体转变。

（1）珠光体转变　当温度在 $A_1 \sim$ 550℃ 范围内，过冷奥氏体等温分解为铁素体和渗碳体的片状混合物珠光体，即奥氏体向珠光体转变。在这个区域内，转变温度愈低形成的珠光体片层愈薄、力学性能越好，所形成的组织分别为珠光体、索氏体和托氏体（见表 3-1）。

共析钢珠光体转变产物名称及性能　　　　　　　　　　表 3-1

组织名称	符　号	形成温度范围（℃）	片状尺寸约为（μm）	硬　度（HRC）
珠光体	P	$A_1 \sim 680$	0.6~0.8	<25
索氏体	S	680~600	0.1~0.3	25~35
托氏体	T	600~550	~0.1	35~40

（2）贝氏体转变　当温度在 550—M_s 范围内，过冷奥氏体等温转变为，含碳过量的铁素体和微小的渗碳体组成的混合物贝氏体，用 B 表示。

贝氏体还分为上贝氏体和下贝氏体。当过冷奥氏体在 500~350℃ 之间转变而得到的组织为上贝氏体（用 $B_上$ 表示），上贝氏体的显微组织呈羽毛状；当过冷奥氏体在 350~M_s 之间转变而得到的组织为下贝氏体（用 $B_下$ 表示），下贝氏体的显微组织呈竹叶状，具有较高的强度和硬度，较好的塑性和韧性。

3. 马氏体转变

当过冷奥氏体急速冷却到 M_s（230℃）时开始转变为马氏体，直至 M_f（－50℃）时转变结束。由于转变温度低碳不能扩散，在 α-Fe 中形成过饱和的碳。这种碳在 α-Fe 中的过饱和固溶体称为马氏体，用 M 表示。马氏体具有较高的硬度（HRC55～65），但塑性、韧性极差。

（二）过冷奥氏体的连续转变

在实际生产中钢的热处理工艺，大都采用连续冷却方式，由于连续冷却转变图测定比较困难，所以常用等温转变图近似地分析连续冷却转变过程。方法是把连续冷却曲线画在等温转变曲线上，如图 3-6 所示，根据它们与等温转变曲线相交的位置，来估计转变组织和性能。例如，图中冷却速度 v_1 相当于随炉缓冷，根据与 C 曲线相交的位置靠近 A_1，可以判断过冷奥氏体转变为珠光体；v_2 相当于空冷，估计转变为索氏体；v_3 相当于油冷，一部分转变为托氏体，其余随温度下降转变为马氏体，最后得到托氏体和马氏体的混合组织；v_4

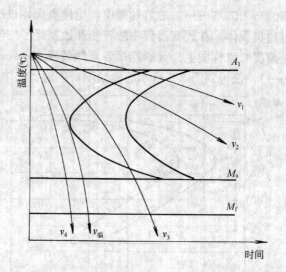

图 3-6　在 C 曲线上估计连续冷却时的转变组织

相当于水冷，它不与 C 曲线相交，奥氏体则全部过冷到 M_s 以下进行马氏体转变。$v_{临}$ 是向马氏体转变的最低冷却速度，称为临界冷却速度。$v_{临}$ 在热处理工艺中有很重要的作用，是选择冷却质介及评定淬透性的依据。

第二节　退　火　与　正　火

一、退火

将钢加热到适当温度，经过保温，然后缓慢冷却的热处理工艺称为退火。

（一）退火的目的

1. 降低钢的硬度、提高塑性，便于切削及压力加工；

2. 消除内应力，防止变形和裂纹；

3. 细化晶粒、均匀组织、改善性能，为后续热处理作准备。

（二）退火方法及应用

常用的退火方法有完全退火、球化退火、去应力退火等几种。

1. 完全退火

完全退火是将钢加热到 A_{c3} 以上成为完全奥氏体组织，经过保温，然后缓慢冷却的退火工艺。

完全退火主要用于中、低碳钢的锻件和铸件细化晶粒、消除应力等。

2. 球化退火

球化退火是将钢加热到 A_{c1} 以上 20～30℃，保温一定时间后，随炉缓慢冷却的退火工艺。

球化退火主要用于过共析钢，使其片状渗碳体及二次渗碳体球化，得到球状珠光体以便降低钢的硬度、改善切削性能。

3. 去应力退火

去应力退火又称低温退火，是将钢加热到略低于 A_1 以下（500～650℃），经过保温，然后随炉缓慢冷却。

去应力退火主要用于消除锻件、铸件、焊件及精度要求较高的切削件加工后的内应力。

二、正火

将钢加热到 A_{c3} 或 A_{ccm} 以上 30～50℃，经过保温，然后出炉空冷的热处理工艺称为正火。

正火与退火相比冷却速度快，得到的组织较细、强度和硬度高，生产周期短，但是消除应力的效果不如退火。

正火主要用于普通结构零件的最终热处理；重要零件的预备热处理；消除过共析钢中的网状渗碳体、改善钢的力学性能，为后续热处理作准备。

第三节　钢　的　淬　火

将钢加热到 A_{c3} 或 A_{c1} 以上某一温度，经过保温，然后以适当速度冷却获得马氏体或贝氏体组织的热处理工艺称为淬火。

淬火的主要目的是为了获得硬度高的马氏体或较好综合性能的贝氏体。淬火主要应用于工具钢及耐磨零件的热处理。

一、淬火加热温度的选择

淬火的加热温度可根据 Fe-Fe₃C 相图来确定的。对于亚共析钢的淬火加热温度应选择在 A_{c3} 以上 30～50℃；共析钢和过共析钢应选择在 A_{c1} 以上 30～50℃，如图 3-7 所示。

如果亚共析钢的加热温度不够，只在 A_{c1}～A_{c3} 之间，这时钢的组织为奥氏体和铁素体，淬火后的组织为马氏体和未溶铁素体，由于铁素体的存在，使得淬火后的钢硬度不足、韧性差。若加热温度过高，超过 A_{c3} 很多将会引起奥氏体晶粒粗大或产生过热现象，使淬火钢的力学性能下降，同时还会造成内应力和变形。

对于共析钢和过共析钢淬火加热温度只在 A_{c1} 以上 30～50℃，这是因为，此时钢的组

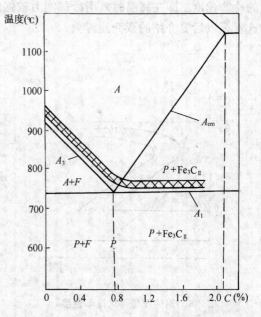

图 3-7　碳钢淬火温度范围

织为奥氏体和二次渗碳体，淬火后得到的是马氏体和少量渗碳体，渗碳体的硬度比马氏体还高，可以提高淬火钢的硬度和耐磨性，这正是淬火所要达到的目的。若是加热到 A_{ccm} 以上，

渗碳体全部溶解于奥氏体中，提高了奥氏体的浓度，淬火后残余奥氏体量增多、强度下降。同时，加热温度过高，还会使奥氏体晶粒粗大，淬火后得到粗大的马氏体组织，使钢的力学性能变差。

二、淬火冷却介质

淬火时为获得单一的马氏体组织，淬火的冷却速度必须大于临界冷却速度 $V_{临}$，特别是在过冷奥氏体最不稳定的 C 曲线"鼻尖"附近（600～400℃）更要快冷。但是，冷却速度过快会引起内部应力增大，尤其是在300℃以下发生马氏体转变时，冷却速度更不能过快，否则很容易产生变形和裂纹。因此，就要选择一个理想的淬火冷却速度，如图3-8所示。

要想达到理想的淬火冷却速度，就必须合理的选择冷却介质及改善冷却方式。

常用的淬火介质有水溶液类（如水、碱水、盐水等）和矿物质油类（如机油、变压器油及柴油等）以及熔盐、空气等。冷却介质的冷却能力，用淬火冷却烈度（H 值）表示，H 值愈大，冷却能力愈强。常用冷却介质的 H 值见表3-2。

常用冷却介质的冷却烈度（H 值）　　　　　　　　　　　表 3-2

搅 动 情 况	空　气	油	水	盐　水
静止	0.02	0.25～0.30	0.9～1.0	2.0
中等	—	0.35～0.4	1.1～1.2	—
强	—	0.5～0.8	1.6～2.0	—
强烈	0.08	0.8～1.0	0.4	5.0

由此可见，只要在不同的冷却温度段，采用不同的冷却介质，就可以获得近似于理想的冷却速度。即在高温时采用冷却能力较强的水冷，在接近马氏体转变线 M_s 时采用油冷，这就是以后要介绍的双介质淬火。

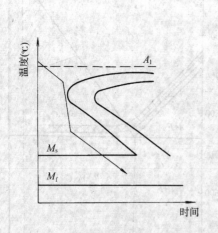

图 3-8　钢的理想淬火冷却速度

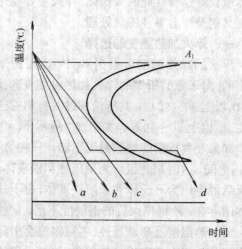

图 3-9　常用淬火方法示意图

三、常用的淬火方法

为保证淬火质量，除了合理选用淬火冷却介质外，还应根据钢的化学成分、工件形状及性能要求等选择适当的淬火方法。常用的淬火方法有以下几种。

（一）单液淬火

34

单液淬火是将钢奥氏体化后，放入单一冷却介质中冷却至室温的淬火工艺。如图 3-9 曲线 a 所示。

单液淬火操作简单，容易实现自动化，应用较广。

（二）双介质淬火

双介质淬火是将钢奥氏体后，在高、低温度范围内分别采用不同的冷却介质冷却的淬火工艺。如图 3-9 曲线 b 所示，它近似于理想冷却曲线。

双介质淬火一般采用水淬油冷或水淬空冷。

双介质淬火的特点是淬火应力小、变形及裂纹少，但操作及温度控制困难。一般应用于碳素工具钢的钻头、丝锥等淬火。

（三）马氏体分级淬火

马氏体分级淬火是将钢奥氏体化后，迅速放入温度稍高于或低于 M_s（230℃）的盐浴中，停留一定时间（不穿过 C 曲线），待钢件表面与心部温度基本一致后，取出空冷的淬火工艺。如图 3-9 曲线 c 所示。

分级淬火的特点是，钢件内外温度及获得的马氏体组织都比较一致，减少了应力和裂纹。

（四）贝氏体等温淬火

贝氏体等温淬火是将钢奥氏体化后，迅速放入温度稍高于 M_s 的盐浴中，保温足够的时间（穿过 C 曲线），使奥氏体全部转变为下贝氏体后，取出空冷的淬火工艺。如图 3-9 曲线 d 所示。

等温淬火的特点是，在获得较高硬度的同时，还获得更好的综合力学性能以及很小的淬火变形。它主要用于形状复杂的各种模具及成形刀具等。

四、钢的淬透性和淬硬性

（一）钢的淬透性

钢的淬透性是指钢在淬火时能够获得淬硬层深度的能力。在同等淬火条件下，淬硬层愈深、钢的淬透性愈好。

钢的淬透性主要与钢的化学成分有关，例如合金钢的淬透性要好于碳素钢。

（二）钢的淬硬性

钢的淬硬性是指钢在淬火形成马氏体后，所能达到最高硬度的能力。在同等淬火条件下，硬度值愈高、钢的淬硬性愈好。

钢的淬硬性主要与钢的含碳量有关，含碳量愈高、钢的淬硬性愈好。

第四节 钢 的 回 火

将淬火后的工件加热到 A_{c1} 以下某一温度，经过保温，然后冷却至室温的热处理工艺称为回火。回火是淬火后必须进行的一道热处理工序。

一、回火的目的

1. 减少或消除由淬火产生的脆性和应力；
2. 稳定组织，稳定尺寸。回火后的组织为工件的使用组织，此后不再发生变化；
3. 调整钢的强度和硬度，使其得到所需要的力学性能。

二、回火的种类及应用

回火根据其加热温度不同分为以下三种。

（一）低温回火

低温回火的加热温度低于 250℃，回火后的组织为回火马氏体。其特点是具有较高的硬度（HRC58—64）和耐磨性，降低了淬火后的脆性及应力。

低温回火主要用于有一定硬度要求的耐磨零件及各种工具等。

（二）中温回火

中温回火的加热温度为 350～500℃，回火后的组织为回火托氏体。其特点是具有较高的弹性、塑性及一定的韧性，硬度为 HRC40～50。

中温回火主要用于有一定弹性要求的零件，如弹簧、锻模等的热处理。

（三）高温回火

高温回火的加热温度为 500～650℃，回火后的组织为回火索氏体。其特点是使钢获得良好的综合力学性能，硬度为 HRC25～40。

在实际生产中常把淬火加高温回火的复合热处理工艺称为调质处理。调质处理主要用于较重要的机械零件，如螺栓、连杆、齿轮、曲轴等。

第五节　钢的表面热处理

钢的表面热处理主要用于在冲击载荷和摩擦条件下工作的零件，如齿轮、活塞销、曲轴等。这些零件要求表面硬度高耐磨性好，而心部要有足够的强度和韧性。

常用的表面热处理方法有表面淬火和表面化学热处理两种。

一、表面淬火

表面淬火是指仅对工件表层进行淬火的热处理工艺。其原理是将钢件表面快速加热到临界温度以上，在心部还没达到临界温度之前，立即快速冷却，使表层获得马氏体组织，而心部仍保持淬火前的组织，从而使零件获得表层硬度高、心部韧性好的性能。

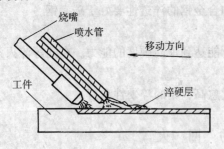

图 3-10　火焰淬火示意图

根据表面淬火加热方法不同，分为火焰加热表面淬火和感应加热表面淬火两种。

（一）火焰加热表面淬火

火焰加热表面淬火是利用氧乙炔火焰或其它可燃混合气的火焰，将零件表面迅速加热到淬火温度，随后立即喷射冷却液，使其表面快速冷却获得马氏体组织的淬火工艺。如图 3-10 所示。

火焰加热表面淬火的特点是设备简单、成本低，淬硬层一般为 2～6mm，但加热温度及淬硬层深度不易控制。一般用于小批量生产的大型零件。

（二）感应加热表面淬火

感应加热表面淬火是将工件放入感应器里，感应器通以一定频率的交流电，便产生交变磁场，工件在磁场作用下，感应出频率相同的交变感应电流。由于交变感应电流的"集肤效应"，致使工件表层温度迅速被加热到淬火温度，随后立即喷射冷却液冷却，从而达到工件表层淬火的目的。如图 3-11 所示。

感应加热表面淬火的特点是加热速度快、热效率高；表层质量好、硬度高；淬硬层深度便于控制，可实现自动化操作。

感应加热表面淬火的淬硬层深度，可通过调节电流频率获得，它们之间的关系如表3-3。

感应加热表面淬火的频率选择 表 3-3

类　　　别	频　率　范　围	淬硬层深度（mm）	用　　　途
高频加热	200～300kHz	0.5～2	小模数齿轮，小轴、销等
中频加热	1～10KHz	2～8	大模数齿轮及曲轴、主轴等
工频加热	50Hz	10～15	承受扭、压载荷的大型零件、冷轧辊

二、表面化学热处理

表面化学热处理是将零件放入活性介质中加热、保温，使活性原子渗入到零件表层，从而改变表层的化学成分、组织及性能的热处理工艺。

表面化学热处理一般要经过以下三个过程：

1. 介质分解　介质在高温下分解，形成渗入元素的活性原子；

2. 工件吸收　活性原子被工件表面吸收，溶入铁的晶格中形成固溶体或金属化合物等；

3. 原子扩散　渗入到工件表面的活性原子，向心部扩散形成扩散层即渗层。

表面化学热处理的方法很多，常用的有渗碳、渗氮、碳氮共渗及渗金属等。

（一）钢的渗碳

钢的渗碳就是向钢的表面渗入碳原子的过程。方法是将零件放入增碳的活性介质中，加热到 900～950℃，保温足够时间，使活性碳原子渗入表层形成高碳层。常用的方法有气体渗碳和固体渗碳。常用的渗碳剂有煤油、木炭加碳酸钡等。

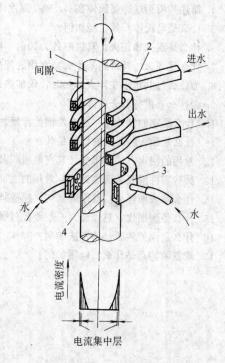

图 3-11　感应加热淬火示意图

渗碳后的零件还要进行淬火和低温回火处理，使表层组织为回火马氏体和细粒状渗碳体，其硬度高（HRC58～62）、耐磨性好。心部组织及性能随钢的淬透性而定。

渗碳用钢一般为低碳钢，常用的有 15、20、20Cr、20MB 等。主要用于承受冲击的耐磨零件，如齿轮、轴、活塞销等。

（二）钢的渗氮

钢的渗氮就是将氮原子渗入到零件表面的化学热处理工艺。方法是将氨气（NH_3）通入 500～600℃的氮化炉中，使其产生活性氮原子，渗入零件表层与钢中的合金元素（Al、Cr、Mo 等）形成氮化物，并向心部扩散。

渗氮的特点是：

1. 硬度高、耐磨性好。渗氮后不需要热处理，硬度高达 1000HV 以上（相当于 HRC69～72）；

2. 渗氮温度低、零件变形小；

3. 耐蚀性好、疲劳强度高。

渗氮层一般深度为 0.1～0.6mm，它主要用于重要、复杂的精密零件，如精密机床的丝杠、主轴、镗杆；高速柴油机曲轴，耐热、耐蚀要求较高的阀门等。

习　题

1. 什么是钢的热处理？常用的热处理方法有哪些种？

2. 什么是奥氏体化？简述奥氏体的形成过程？

3. 什么是过热？它对钢的性能有什么影响？

4. 简述共析钢过冷奥氏体在 $A_1 \sim M_s$ 温度之间，不同温度下的等温转变产物及性能。

5. 什么是马氏体？其性能如何？

6. 什么是退火和正火？其目的各为如何？两者有哪些区别？

7. 什么是淬火？其目的是什么？常用的淬火方法有哪些？

8. 为什么过共析钢在淬火加热时，仅加热到 A_{c1} 以上？

9. 为什么要进行双介质淬火？

10. 什么是钢的淬透性？什么是钢的淬硬性？影响它们的主要因素是什么？

11. 什么是回火？回火的目的是什么？

12. 常用的回火方法有哪些？其室温组织及应用如何？

13. 哪些零件需要表面热处理？常用的表面热处理方法有哪些？

14. 什么是表面淬火？其原理如何？感应加热表面淬火有哪些特点？

15. 什么是表面化学热处理？一般要经过哪些过程？

16. 什么是钢的渗碳？其方法如何？

17. 渗氮的特点是什么？应用如何？

第四章　常用的金属材料

金属材料是工程材料的主要部分，是工业、农业、国防及科学技术等部门应用最多的材料。如工程机械、供热通风设备、输变电设备中，金属材料零件约占 95% 以上。

工业上使用的金属材料可分为黑色金属材料和有色金属材料两大类。黑色金属材料是指铁和以铁为基的合金，如钢和铸铁等；有色金属材料是指除黑色金属材料以外的所有金属材料，如铜、铝、钛及其合金等。

第一节　钢

一、钢的分类

钢是指含碳量小于 2.11% 的铁碳合金。钢的种类很多，其分类方法如下：

（一）按钢的化学成分分类

钢按其化学成分可分为碳素钢和合金钢。

1. 碳素钢按其含碳量分为：

（1）低碳钢　含碳量 <0.25%；

（2）中碳钢　含碳量 =0.25%～0.6%；

（3）高碳钢　含碳量 >0.6%。

2. 合金钢按其含合金元素的总量分为：

（1）低合金钢　含合金元素的总量 <5%；

（2）中合金钢　含合金元素的总量 =5%～10%；

（3）高合金钢　含合金元素的总量 >10%。

（二）按钢的质量分类

钢的质量主要以钢中含硫、磷等有害杂质量的多少而定。

1. 普通钢　S≤0.050%，P≤0.045%；

2. 优质钢　S≤0.035%，P≤0.035%

3. 高级优质钢　S≤0.025%；P≤0.025%；

4. 特级优质钢　S<0.015%，P<0.025%。

（三）按钢的冶炼方法分类

1. 按冶炼设备不同分为平炉钢、转炉钢、电炉钢等。

2. 按冶炼时脱氧程度不同分为沸腾钢（在钢号后面注 F）、半镇静钢（b）、镇静钢和特殊镇静钢。其中沸腾钢脱氧程度最差，特殊镇静钢最好。

（四）按钢的用途分类

1. 结构钢　用于制造各种工程结构（如建筑、桥梁、锅炉、容器等结构件）和机械零件（如齿轮、轴类零件等）的钢。

2. 工具钢　用于制造各种刃具、量具、模具的钢。

3. 特殊性能钢　是指具有特殊物理、化学或力学性能的钢。如不锈钢、耐热钢、耐磨钢等。

钢的分类除以上几种分类方法之外，还有按照金相组织分、按加工工艺分等。我国现行钢材分类及命名方法，是以钢的质量和用途为基础综合分类的。

二、碳素钢

碳素钢又称碳钢，是指含碳量小于 2.11％并含有少量杂质的铁碳合金。碳素钢由于具有较好的力学性能、工艺性能、价格低廉等特点，广泛应用于建筑、低压管网、容器、机械制造等方面。

碳素钢按质量和用途综合分类为：碳素结构钢、优质碳素结构钢、碳素工具钢、铸造碳钢等。

（一）碳素结构钢

碳素结构钢的含硫、磷等杂质较高，力学性能在钢中属于较低的，但是它制造方便、价格低，一般在能够满足使用要求的情况下都优先选用。

碳素结构钢的牌号由四部组成，即代表屈服点的汉语拼音字母"Q"、屈服点的数值、质量等级（分为 A、B、C、D 四级，A 级最低、含 S、P 杂质最多，D 级最高）、脱氧方法符号。例如 Q235-A・F 表示屈服点为 235MPa 的 A 级沸腾钢。

碳素结构钢的化学成分、力学性能及用途见表 4-1。

碳素结构钢的化学成分、力学性能及用途　　　　　　　　　　表 4-1

牌号	等级	化 学 成 分 （％）					拉 伸 试 验			相当 GB 700-79 牌号	应用举例
		C	Mn	Si	S	P	σ_s (MPa)	σ_b (MPa)	δ (％)		
					不大于						
Q195		0.06～0.12	0.25～0.50	0.30	0.050	0.045	(195)	315～390	33	A1、B1	轧制成薄板、铁丝，可制作焊接管、屋面板、铁线、铁钉等
Q215	A	0.09～0.15	0.25～0.55	0.30	0.050	0.045	215	335～410	31	A2	
	B				0.045					C2	
Q235	A	0.14～0.22	0.30～0.65	0.30	0.050	0.045	235	375～460	26	A3	轧制成各种型钢、钢筋、管材，可制作螺栓、螺母、建筑结构等
	B	0.12～0.20	0.30～0.70		0.045					C3	
	C	≤0.18	0.35～0.80	0.30	0.040	0.040				—	
	D	≤0.17			0.035	0.035				—	
Q255	A	0.18～0.28	0.40～0.70	0.30	0.050	0.045	255	410～510	24	A4	用于制作较高强度的零件，如转轴、齿轮、键、链轮等
	B				0.045					C4	
Q275	—	0.28～0.38	0.50～0.80	0.35	0.050	0.045	275	490～610	20	C5	

（二）优质碳素结构钢

优质碳素结构钢的含硫、磷及非金属杂质较少，有稳定的化学成分，较好的表面质量，较高的力学性能，适应于热处理工艺。因此，这类钢广泛应用于较重要的工程结构及各种机械零件。

优质碳素结构钢的牌号是用其平均含碳量万分之几的两位数字表示。例如，平均含碳量为 0.45% 的优质碳素结构钢，其牌号 C＝45/10000 即 45 号钢，可简写为 45 钢或 45；08 钢表示平均含碳量为 0.08% 的优质碳素结构钢。当钢中的含锰量在 0.7%～1.2% 时为较高含锰量钢，在钢号后面注上"Mn"，其力学性能和用途与同牌号的钢基本相同，例如 65Mn 表示平均含碳量为 0.65% 较高含锰量的优质碳素结构钢。对于制造锅炉、压力容器等专业用钢，还要在钢号后面注上"g"、"R"，如 20g、16MnR 等，这类专用符号可查阅 GB221。

优质碳素结构钢的牌号、化学成分及力学性能见表 4-2。

优质碳素结构钢的牌号、化学成分及力学性能　　　　　　　　表 4-2

牌号	化学成分 （%）			力 学 性 能						
				σ_s	σ_b	δ_5	ψ	α_K	HBS	
	C	Si	Mn	(MPa)		(%)		(J/cm²)	热轧	退火
				不 小 于					不 大 于	
08F	0.05～0.11	≤0.03	0.25～0.50	175	295	35	60	—	131	—
08	0.05～0.12	0.17～0.35	0.35～0.65	195	325	33	60	—	131	—
10F	0.07～0.14	≤0.07	0.25～0.50	185	315	33	55	—	137	—
10	0.07～0.14	0.17～0.37	0.35～0.65	205	335	31	55	—	137	—
15F	0.12～0.19	≤0.07	0.25～0.50	205	355	29	55	—	143	—
15	0.12～0.19	0.17～0.37	0.35～0.65	225	375	27	55	—	143	—
20	0.17～0.24	0.17～0.37	0.35～0.65	245	410	25	55	—	156	—
25	0.22～0.30	0.17～0.37	0.50～0.80	275	450	23	50	88.3	170	—
30	0.27～0.35	0.17～0.37	0.50～0.80	295	490	21	50	78.5	179	—
35	0.32～0.40	0.17～0.37	0.50～0.80	315	530	20	45	68.7	197	—
40	0.37～0.45	0.17～0.37	0.50～0.80	335	570	19	45	58.8	217	187
45	0.42～0.50	0.17～0.37	0.50～0.80	355	600	16	40	49	229	197
50	0.47～0.55	0.17～0.37	0.50～0.80	375	630	14	40	39.2	241	207
55	0.52～0.60	0.17～0.37	0.50～0.80	380	645	13	35	—	255	217
60	0.57～0.65	0.17～0.37	0.50～0.80	400	675	12	35	—	255	229
65	0.62～0.70	0.17～0.37	0.50～0.80	410	695	10	30	—	255	229
70	0.67～0.75	0.17～0.37	0.50～0.80	420	715	9	30	—	269	229
75	0.72～0.80	0.17～0.37	0.50～0.80	880	1080	7	30	—	285	241
80	0.77～0.85	0.17～0.37	0.50～0.80	930	1080	6	30	—	285	241
85	0.82～0.90	0.17～0.37	0.50～0.80	980	1130	6	30	—	302	255

优质碳素结构钢根据其含碳量的不同，它的性能和用途也不同。例如：

1.08F～25 钢属于低碳钢，其强度、硬度较低，塑性、韧性及可焊性较好。主要用于制造冲压件、焊接件及强度要求不高的机械零件，如深冲器皿、焊接容器、小轴、销钉等。

2.30～55 钢属于中碳钢，具有较高的强度、硬度，其塑性、韧性随钢的含碳量增加而降低。这类钢经过热处理后，能获得较好的综合力学性能。主要用于制造受力较大的机械零件，如曲轴、连杆、齿轮、水泵转子等。

3.60 钢以上的钢属于高碳钢，其性能是强度、硬度高，经过热处理后有较高的弹性。主要用于制造具有较高强度、耐磨性以及弹性零件，如弹簧、弹簧垫等弹性零件以及各种耐磨零件。

（三）碳素工具钢

碳素工具钢是用于制造各类工具的高碳钢。其含碳量在$0.65\%\sim1.35\%$之间，含杂质量少，属于优质或高级优质钢，硬度高、耐磨性好，但红硬性较差，当温度超过$250\,℃$时硬度急剧下降。因此，只适用于制造低速刃具、手动工具及冷冲压模具等。

碳素工具钢的牌号是用"碳"字汉语拼音实头"T"后面加上平均含碳量的千分之几表示。例如T8表示平均含碳量为0.8%的碳素工具钢。如果是高级优质钢在牌号后面注上"A"，如T12A表示平均含碳量为1.2%的高级优质碳素工具钢。

常用碳素工具钢的化学成分、力学性能及用途见表4-3。

常用碳素工具钢的化学成分、力学性能及用途   表4-3

| 牌 号 | 化 学 成 分 （%） | | | | | 淬火温度（℃） | HRC ≥ | 应用举例 |
| | C | Mn | Si | S | P | | | |
			≤					
T7	0.65～0.74	≤0.40	0.35	0.03	0.035	800～820 水淬	62	用于制造承受冲击、要求韧性好、硬度中等的工具。如木工、钳工工具，凿、锤头、手锯条、剪子、冲模等
T8	0.75～0.84					780～800 水淬		
T8Mn	0.80～0.90	0.40～0.60						
T9	0.85～0.94	≤0.40				760～780 水淬		用于制造有一定硬度、韧性和耐磨性的工具,如刨刀、钻头、丝锥、板牙、锯条等
T10	0.95～1.04							
T11	1.05～1.14							
T12	1.15～1.24							用于制造冲击小、中等切削速度的刃具，如钻头、锉刀、车刀、刮刀、量具等
T13	1.25～1.35							

（四）铸造碳钢

铸造碳钢主要用于制造形状复杂，有一定力学性能要求的铸造零件。如阀体、曲轴、缸体、机座等。

铸造碳钢一般为中碳钢，含碳量过高钢的塑性差，铸造时容易产生应力和裂纹。

铸造碳钢的牌号用"铸钢"两字的汉语拼音字头"ZG"及屈服点和抗拉强度的值表示。如ZG230—450表示屈服点为230MPa、抗拉强度为450MPa的铸造碳钢。

常用的铸造碳钢有：ZG200～400具有良好的塑性、韧性和焊接性，用于制造受力不大、要求具有一定韧性的零件，如机座、变速箱壳体等；ZG230—450具有一定的强度和较好的塑性、易切削，主要用于受力不大、要求有一定韧性的零件，如阀体、轴承盖、箱体、砧座等；ZG270—500具有较高的强度和较好的塑性、铸造性、切削性好，焊接性差，是铸造碳钢中应用最广的一种，主要用来制造发动机的连杆、缸体、曲轴、轴承座、轧钢机机座等；ZG310—570强度高，塑性、韧性差，切削性好，主要用于载荷较大的零件，如大齿轮、辊子、制动轮、缸体等。ZG340—640具有高的强度、硬度和耐磨性，塑性、韧性差，焊接性差，主要用于制造齿轮、棘轮、联轴器、叉头等。

（五）杂质对碳素钢的影响

钢在冶炼过程中，不可避免地会有一些杂质残留在钢内，常存的杂质有硅、锰、硫、磷等，由于这些元素的存在使钢的性能受到很大影响。

1. 硅和锰

硅和锰都是脱氧剂，硅能与钢水中的 FeO 生成炉渣，锰能使钢中的 FeO 还原成铁，从而消除 FeO 提高钢的质量。它们还能溶于铁素体中形成固溶体，使钢的强度、硬度提高，塑性、韧性有所降低。硅和锰在钢中是有益元素，含量一般为 $Si<0.35\%$、$Mn<0.8\%$。

2. 硫

硫是钢中的有害元素。它在钢中以 FeS 形式与 Fe 组成低熔点（985℃）的共晶体分布在晶界上，使钢在高温下产生沿晶界破裂，这种现象称为热脆性。所以，钢中硫的含量应严格控制，一般不超过 0.050%。

3. 磷

磷在钢中也是一种有害元素。它主要溶入铁素体中，使的强度、硬度提高，而室温下塑性、韧性明显下降，这种现象称为冷脆性。所以，钢中磷的含量严格控制在 0.045% 以下。

三、合金钢

合金钢是指在碳素钢的基础上，为改善钢的某些性能，加入一些合金元素所形成的钢。常用的合金元素有硅（Si）、锰（Mn）、铬（Cr）、镍（Ni）、钨（W）、钼（Mo）、钒（V）、钛（Ti）、硼（B）、铝（Al）和稀土元素（R_E）等。

（一）概述

1. 合金钢的分类

合金钢按用途分为合金结构钢、合金工具钢和特殊性能钢。

2. 合金钢牌号的表示方法

合金钢的牌号由三部分组成，即合金钢的含碳量、合金元素的种类、合金元素的含量，例如 12CrNi3 钢、18Cr2Ni4WA 钢、9Mn2V 钢、CrW5 钢等。这种表示方法的特点是，从钢的牌号上可以直接看出钢的大概成分、质量等级以及性能等。

（1）含碳量的表示方法

合金结构钢是用平均含碳量万分之几的两位数字表示。如 25Mn2V 钢和 09MnV 钢分别表示平均含碳量为 0.25% 和 0.09%。

合金工具钢和特殊性能钢用平均含碳量千分之几的一位数字表示，当含碳量超过 1.0% 时不标注。例如 9Mn2V 钢和 CrWMn 钢分别表示平均含碳量为 0.9% 和大于 1.0%。

（2）合金元素的表示方法

合金钢中的合金元素，直接用元素符号表示。

（3）合金元素含量的表示方法

当合金元素的含量超过 1.5%、2.5%、3.5%……时，则在该元素符号后面注上 2、3、4……等，而含量小于 1.5% 时不标注。

下面介绍几个合金钢牌号实例：

12CrNi3 钢表示平均含碳量为 0.12%、含铬量小于 1.5%、含镍量为 3% 的合金结构钢。

9Mn2V 钢表示平均含碳量为 0.9%、含锰量为 2%、含钒量小于 1.5% 的合金工具钢。

1Cr13 钢表示平均含碳量为 0.1%、含铬量为 13% 的特殊性能钢（不锈钢）。

CrW5 钢表示平均含碳量大于 1.0%、含铬量小于 1.5%、含钨量为 5% 的合金工具钢。

3. 合金元素在钢中的作用

（1）合金元素能溶于铁素体产生固溶强化和形成碳化物，使钢的强度、硬度提高，与相同含碳量的碳素钢比，有较好的综合力学性能。

（2）合金元素能提高钢的淬透性，降低淬火应力，减少变形和裂纹，提高回火稳定性，从而改善钢的热处理工艺。

（3）合金元素能使钢中的组织和性能发生某种特殊变化，从而获得各种特殊性能的合金钢。例如不锈钢、耐磨钢、耐热钢等。

（二）合金结构钢

合金结构钢是用于制造各种重要的工程结构和机械零件的钢。它分为低合金结构钢和机械制造用钢两大类。

1. 低合金结构钢

低合金结构钢是一种低碳（C<0.20%）、低合金（合金元素的总量一般不超过3%）高强度钢，因此新的国家标准GB1591—94又称这类钢为低合金高强度钢。

低合金结构钢含主要的合金元素有 Mn、Si、以及 V、Ti、Nb、Cr 等，它与相同含碳量的碳素结构钢比具有强度高，塑性和韧性好，焊接性和耐蚀性好，并且价格相近等特点。主要用于重要的工程结构，如建筑、桥梁、船舶、锅炉、压力容器、输油输气管道等。

常用低合金结构钢的牌号、力学性能及用途见表 4-4。

常用低合金结构钢的牌号、力学性能及用途　　　　　　表 4-4

牌　号	钢材厚度或直径(mm)	力　学　性　能			应　用　举　例
		σ_b (MPa)	σ_s (MPa)	δ_s (%)	
		不　小　于			
09MnV	≤16	430～580	295	23	车辆冲压件、建筑结构、螺旋焊管
09Mn2	≤16	440～590	295	22	低压锅炉汽包、中低压化工容器、储油罐
10MnSiCu	4～10	490～640	345	22	石油井架、电站、桥梁、化工结构、输水管道
16Mn	≤16	510～660	345	22	桥梁、压力容器、厂房结构、车辆、船舶
15MnTi	≤25	530～680	390	20	压力容器、桥梁、船舶、水轮机涡壳
15MnV	5～16	530～680	390	18	起重机、锅炉汽包、化工容器、大型结构
10MnPNbRE	≤10	510～660	390	20	港口设备、石油井架、船舶、桥梁、车辆
14MnVTiRE	≤12	550～700	440	19	高压容器、重型机械、大型船舶、桥梁

新国标（GB1591—94）低合金高强度钢的牌号表示方法是，以钢的屈服点的字母"Q"、屈服点的数值（MPa）及质量等级（分为 A、B、C、D、E 五级，A 级最低、E 级最高）三部分组成。例如 Q345D、Q390C 等。

2. 机械制造用钢

机械制造用钢主要用于制造各种重要的机械零件。它分为渗碳钢、调质钢、弹簧钢、滚动轴承钢以及超高强度钢等。

（1）合金渗碳钢　其含碳量在 0.10%～0.25% 之间，以保证零件心部有足够的韧性。钢中加入的主要合金元素有 Mn、Cr、Ni、Ti、B 等，目的是提高钢的淬透性，强化渗碳层及心部组织。

常用的合金渗碳钢有 20Cr、20Mn2B、20CrMnTi 等，主要用于制造具有一定耐磨性、耐疲劳性、抗冲击性要求的齿轮、轴、活塞销等。

（2）合金调质钢　调质钢是指需经调质处理后使用的钢。合金调质钢为中碳钢，主要合金元素有 Cr、Ni、Mn、Si、B 等，其作用是提高钢的淬透性及回火稳定性。

常用的合金调质钢有 40Cr、45Mn2、35CrMn、40MnVB 等，主要用于制造受力复杂、强度要求高、韧性好的重要零件，如大功率电机轴，汽车齿轮、轴，机床主轴、齿轮等。

（3）合金弹簧钢　弹簧钢是专门用于制造弹簧、弹簧板等减振设备的钢。它是利用弹性变形所储存的能量来吸收振动和冲击的，因此要求弹簧钢具有很高的弹性极限、疲劳极限及足够的塑性和韧性。

合金弹簧钢的含碳量一般在 0.45％～0.70％之间，所含主要合金元素有 Mn、Si、Cr、V、Mo 等，其作用是提高钢的淬透性和回火稳定性，强化铁素体，改善力学性能。

（三）合金工具钢

合金工具钢是用来制造有一定要求的刃具、量具、模具的钢。钢中所含主要合金元素有 Cr、Si、Mn 等，用以提高钢的淬透性和强度；W、V、Mo 等用以提高钢的硬度、耐磨性以及红硬性等。

合金工具钢分为低合金工具钢和高速工具钢。

1. 低合金工具钢

低合金工具钢是在碳素工具钢的基础上，加入少量合金元素所形成的工具钢。它主要用于制造低速切削及手动工具，如板牙、丝锥、铰刀、刨刀、样板、块规及冷模具等。

常用的低合金工具钢有 9Mn2V、9SiCr、CrMn、CrWMn、CrW5 等。

2. 高速工具钢

高速工具钢是一种高碳高合金工具钢，由于具有较高的红硬性，在高速切削时温度高达 600℃硬度不变，因此它主要用于制造高速切削的刃具，故称高速工具钢或高速钢。

常用的高速工具钢有 W18Cr4V、W6Mo5Cr4V2 等。主要用于制造车刀、铣刀、钻头等高速切削刃具及冷冲模、压模等。

（四）特殊性能钢

特殊性能钢是指用在特殊工作场合，具有特殊物理、化学性能的钢。它包括不锈钢、耐热钢、耐磨钢等。

1. 不锈钢

不锈钢是指在腐蚀介质中具有高的抗腐蚀能力的钢。为提高钢的耐蚀性，常在钢中加入较高量的 Cr，形成致密的氧化膜（Cr_2O_3）使钢与介质隔离。

常用的不锈钢有两类，一类是铬不锈钢，其含铬量在 13％以上，如 1Cr13、2Cr13、3Cr13和 4Cr13 等；另一类是铬镍不锈钢，其中含铬量为 18％，镍 9％～10％，如 1Cr18Ni9、0Cr18Ni9Ti 等。

不锈钢主要用于在腐蚀介质中工作的结构件、容器、管道，医疗器械，化工设备，食品机械及餐具等。

2. 耐热钢

耐热钢是指在高温下具有高的抗氧化性和较高强度的钢。耐热钢主要用于制造锅炉、热交换器、高温石化设备、汽轮机叶片等。

常用的耐热钢有 15CrMo、4Cr9Si2、4Cr14Ni14W2Mo 等。

3. 耐磨钢

耐磨钢主要用于承受较大冲击载荷和磨损严重的零件，如推土机履带板、球磨机衬板、挖掘机铲齿等。

耐磨钢是一种高锰钢，其中含碳量为 1.0%～1.3%、锰为 11%～14%，常用牌号为 ZGMn13（铸钢）。高锰钢能在冲击载荷作用下发生冲击硬化，其硬度可提高到 HRC50 以上，并且当外层金属磨损后，次层金属在冲击和摩擦作用下迅速被硬化，形成新的耐磨层。

第二节　铸　铁

一、概述

铸铁是指含碳量大于 2.11%，并含有较高硅、锰、磷、硫等杂质的铁碳合金。

铸铁与钢相比，虽然力学性较差，但是它具有良好的铸造性、切削性、减振性、耐磨性，并且生产工艺简单、价格便宜等特点，是工业生产中应用较广的金属材料。

铸铁的含碳量较高，碳在铸铁中的存在形式有两种，一种是以化合物的渗碳体 (Fe_3C) 形式存在；另一种是以单质的纯碳（石墨 G）形式存在。

铸铁中的碳如果全部或大部分以渗碳体的形式存在，铸铁可分为白口铸铁和麻口铸铁。由于这类铸铁的力学性能是硬而脆，难于进行切削加工，所以很少直接用来制造机械零件。

如果碳以不同形状的石墨存在于铸铁中，铸铁可分为灰铸铁、可锻铸铁、球墨铸铁及蠕墨铸铁。这类铸铁的组织，可以认为是在钢的基体上，加有不同形状的石墨夹杂。由于石墨强度极低，几乎可以忽略，它在铸铁中起到割裂金属基体和产生应力集中的作用。因此，铸铁的强度、塑性和韧性一般低于钢。只有改变铸铁中的石墨形状、尺寸、分布等，才能提高铸铁的力学性能。

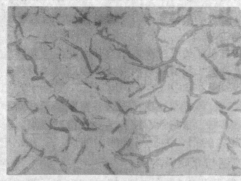

图 4-1　灰铸铁的显微组织

二、灰铸铁

碳全部或大部分以片状石墨存在于铸铁中，由于断口呈灰色，因此称为灰铸铁或灰口铸铁。灰铸铁的显微组织如图 4-1 所示，它是在钢的基体上分布着一些片状石墨。灰铸铁经过变质处理，能改善片状石墨的尺寸，可获得较好的力学性能。

灰铸铁具有价格低、铸造性和切削性好、减振性和耐磨性高等特点，常用于制造各种机器的床身、机座及暖气片、铸铁管件等。

灰铸铁的牌号是由"HT"——"灰铁"两字汉语拼音字头和该铸铁最低抗拉强度值组成。如 HT300 表示，抗拉强度不小 300MPa 的灰铸铁。

灰铸铁的牌号及用途见表 4-5。

牌　号	抗拉强度 不大于（MPa）	应　用　举　例
HT100	100	适用于受力小、不太重要的零件，如手轮、盖、支架等
HT150	150	适用于承受中等载荷的零件，如机床支柱、底座、习架等
HT200	200	适用于承受较大载荷的零件，如机床床身、汽缸体齿轮等
HT250	250	
HT300	300	适用于承受大载荷的重要零件，如重型机床床身、齿轮等
HT350	350	

三、可锻铸铁

　　碳全部或大部分以团絮状石墨存在于铸铁中，由于这种铸铁具有一定的塑性和韧性，因此称为可锻铸铁。可锻铸铁的显微组织如图 4-2 所示。

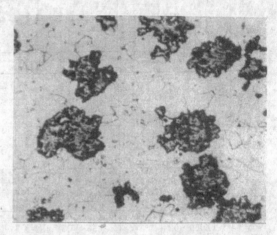

　　可锻铸铁是由白口铸铁在固态下经石墨化退火处理而得到的。它的制取过程是，先将成分为 C2.2%～2.8%、Si1.2%～2.0%、Mn0.4%～1.2%、P<0.1%、S<0.2%的铁水铸成白口铸铁件，然后进行石墨化退火处理，使白口铸铁中的渗碳体（Fe_3C）分解为团絮状石墨，而形成可锻铸

图 4-2　可锻铸铁的显微组织

铁。在石墨化退火过程中，由于采用了两种不同的冷却方式（如图 4-3 所示），因此可获得铁素体可锻铸铁（又称黑心可锻铸铁）和珠光体可锻铸铁。

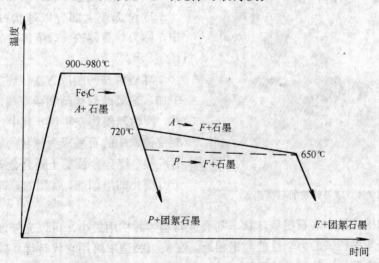

图 4-3　可锻铸铁石墨化退火规范

　　由于可锻铸铁中的团絮状石墨比片状石墨细小，对金属基体的割裂及应力集中作用小，所以可锻铸铁的强度、塑性、韧性都比灰铸铁高。适用于制造一些形状复杂的薄壁件、中

空件及有一定强度、韧性要求的铸铁零件。

可锻铸铁的牌号是由三个字母及两组数字组成。其中前两个字母"KT"是"可铁"两字的汉语拼音字头；第三个字母代表不同类别的可锻铸铁，H 表示黑心类型可锻铸铁，Z 表示珠光体类型可锻铸铁；后面两组数字分别表示最低的抗拉强度和伸长率的值。例如 KTH330—08 表示最低抗拉强度不小于330MPa、伸长率不小于8％的黑心可锻铸铁。

可锻铸铁的牌号、力学性能及用途见表4-6。

可锻铸铁的牌号、力学性能及用途　　　　　　　　　　　　表 4-6

类 型	牌　　号	试样直径(mm)	力 学 性 能				应 用 举 例
			σ_b (MPa)	$\sigma_{0.2}$ (MPa)	δ (％)	HBS	
			不　小　于				
黑心可锻铸铁	KTH300—06	12或15	300	—	6	≤150	自来水及中高压管路配件，如弯头、三通等；低压阀门；农机零件，如犁刀、车轮壳等
	KTH330—08		330	—	8		
	KTH350—10		350	200	10		承受冲击载荷的后桥壳、转向机构、轮壳、制动器等
	KTH370—12		370		12		
珠光体可锻铸铁	KTZ450—06	12或15	450	270	6	150～200	用于制作轴承座、轮毂、传动箱、拖拉机履带轨板
	KTZ550—04		550	340	4	180～250	
	KTZ650—02		650	430	2	210～260	用于制作较高强度零件，如差速器壳、齿轮箱、凸轮轴、曲轴、活塞环等
	KTZ700—02		700	530	2	240～290	

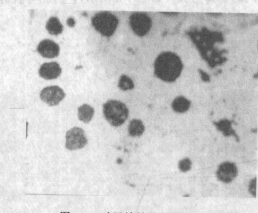

图 4-4　球墨铸铁的显微组织

四、球墨铸铁

碳全部或大部分以球状石墨存在于铸铁中，称为球墨铸铁。球墨铸铁的显微组织如图 4-4 所示。

球墨铸铁的制取方法，是在浇注前向铁水中加入适量的球化剂和孕育剂，然后浇注成铸件，即为球墨铸铁零件。其中，球化剂是一种能使铸铁中的石墨成为球状的添加剂，常用的有纯镁、镁合金及稀土镁合金等；孕育剂是促进石墨化的添加剂，常用的有硅铁及硅钙合金等。

由于球墨铸铁中的石墨呈球状，割裂金属基体的作用最小，可以充分发挥金属基本的性能，所以球墨铸铁的力学性能与钢相近。在机械制造中可用它代替优质碳素钢及部分合金钢，制造曲轴、齿轮以及轧辊等。

球墨铸铁的牌号是由"QT"——"球铁"两字的汉语拼音字头及两组数字组成，两组织数字分别表示铸铁的最低抗拉强度和伸长率。例如QT450—10表示最低抗拉强度不小于450MPa、伸长率不小于10％的球墨铸铁。

球墨铸铁的牌号、力学性能及用途见表4-7。

牌　　号	基体组织	力　学　性　能				应　用　举　例
		σ_b (MPa)	$\sigma_{0.2}$ (MPa)	δ (%)	HBS	
		不　　小　　于				
QT400—18	铁素体	400	250	18	130～180	承受冲击、振动的零件，如驱动桥壳、减速器壳；中低压阀门、输气管道；铧犁、犁柱
QT400—15		400	250	15	130～180	
QT450—10		450	310	10	160～210	
QT500—7	铁素体＋球光体	500	320	7	170～230	内燃机油泵齿轮、水轮机壳体、机车轴瓦、输电线路联板及碗头等
QT600—3	珠光体＋铁素体	600	370	3	190～270	空压机、制冷机、制氧机的曲轴及缸体；矿车轮、起重机滚轮；水轮机主轴，磨床、铣床、车床主轴
QT700—2	珠光体	700	420	2	225～305	
QT800—2	珠光体或回火组织	800	480	2	245～335	
QT900—2	贝氏体或回火马氏体	900	600	2	280～360	制作有一定强度、耐磨性要求的零件，如凸轮轴、齿轮等

五、蠕墨铸铁

蠕墨铸铁是一种新型铸铁材料。铸铁中的碳大部分以短蠕虫状石墨存在于铸铁中，其显微组织如图 4-5 所示。蠕虫状石墨介于片状和球状石墨之间，但是它的片短而厚，头部较圆形似蠕虫。因此，蠕墨铸铁的性能也介于优质灰铸铁和球墨铸铁之间，其中强度相当于铁素体球墨铸铁，而减振性、耐磨性、铸造性近似于灰铸铁。

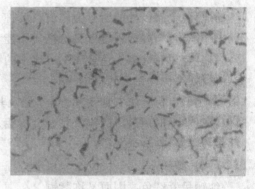

图 4-5　蠕墨铸铁的显微组织

蠕墨铸铁的制取方法与球墨铸铁相似，即在高碳、低硫、低磷的铁水中加入蠕化剂，促使石墨成蠕虫状，然后加入孕育剂进行孕育处理。目前采用的蠕化剂有镁钛合金、稀土镁钛合金及稀土镁钙合金等。

蠕墨铸铁的牌号是由"RuT"即"蠕铁"两字的汉语拼音字头和该铸铁最低抗拉强度值组成，如 RuT380 表示抗拉强度不低于 380MPa 的蠕墨铸铁。

蠕墨铸铁主要应用于承受热循环载荷，要求组织致密、强度高、形状复杂的零件，如汽缸盖、进排气管、活塞环、液压元件等。常用牌号有 RuT260、RuT340 及 RuT380 等。

六、合金铸铁

为满足铸铁在不同工作场合的特殊要求，在普通铸铁（常用灰铸铁或球墨铸铁）中加入一定量合金元素所形成的铸铁，称为合金铸铁。常用的合金铸铁有耐热合金铸铁、耐磨合金铸铁、耐蚀合金铸铁等。

（一）耐热合金铸铁

为提高铸铁的耐热性，通常在铸铁中加入 Si、Al、Cr 等合金元素，它们能在铸铁表面形成一层致密的氧化膜，保护铸铁不被氧化；还能使金属基体成为单一的铁素体或奥氏体，在高温下保持稳定的组织结构。因此，耐热合金铸铁有很高的耐热性，能在 550～1100℃高温下正常工作。

耐热合金铸铁主要用于制造加热炉附件如炉底板、炉条，压铸模具，渗碳罐，坩埚等高温零件。

（二）耐磨合金铸铁

耐磨合金铸铁中加入的主要合金元素有P、Cr、Cu、Ni等，其作用是强化铸铁金属基体，获得具有较高强度、硬度、耐磨性的铸铁。常用于制造机床床身、工作台、发动机缸套和活塞环、球磨机衬板及磨球等。

（三）耐蚀合金铸铁

耐蚀合金铸铁是一种含硅量或含铬量较高的合金铸铁。常用的高硅耐蚀铸铁含硅量为14.5%～18%，它能在铸铁表面形成致密、完整而且耐蚀性很高的 SiO_2 保护膜，可以抵抗酸、碱等腐蚀介质。

耐蚀合金铸铁主要用于制造化工设备，如管道、容器、阀、泵、反应锅等。

第三节　有色金属及其合金

除黑色金属以外的所有金属材料统称为有色金属。有色金属的种类很多，性能差异较大，多数有色金属因强度低、价格贵不能直接制成机械零件，只是以合金元素来使用。但是，有色金属有许多黑色金属不可比拟的特殊性能，因此它已成为现代工业中不可缺少的重要材料。

常用的有色金属有铜及其合金、铝及其合金、钛及其合金、轴承合金及硬质合金等。本节仅就工业上应用最广的铜及其合金、铝及其合金作简单介绍。

一、铜及其合金

（一）纯铜

纯铜呈紫红色，因而又称紫铜。

纯铜具有良好的导电性和导热性（仅次于金和银），塑性好，抗蚀性能好，经退火后的力学性能为 $\sigma_b = 200 \sim 250MPa$、$\delta = 45\% \sim 50\%$、HBS=100～120。主要用于电力、电气、仪表、化工设备等。

纯铜的加工产品分为纯铜材和无氧铜两类。纯铜的牌号、成分及用途见表4-8。

纯铜的牌号、成分及用途　　　　表4-8

组别	牌　号	代号	化 学 成 分 （%）				应 用 举 例
			Cu（不小于）	杂　质		杂质总量	
				Bi	Pb		
纯铜	一号铜	T1	99.95	0.001	0.003	0.05	用于制造导电、导热、耐腐蚀的器具材料，如电线、蒸发器、雷管、容器
	二号铜	T2	99.90	0.001	0.005	0.1	
	三号铜	T3	99.70	0.002	0.01	0.3	普通用铜材，如电气开关、管道、铆钉
无氧铜	一号无氧铜	TU1	99.97	0.001	0.003	0.03	用于制造导电性能要求较高的导线、电真空器件等
	二号无氧铜	TU2	99.95	0.001	0.004	0.05	

（二）铜合金

由于纯铜强度、硬度较低，不能满足使用要求，为此在纯铜中加入某些合金元素形成铜合金，改善铜的力学性能和使用性能。

常用的铜合金可分为黄铜、青铜和白铜三类。

1. 黄铜

黄铜是以锌为主要合金元素的铜合金。黄铜按其化学成分可分为普通黄铜和特殊黄铜。

（1）普通黄铜　普通黄铜是铜和锌组成的二元合金。其力学性能随含锌量的变化而改变，工业上使用的黄铜含锌量一般不超过 45％，否则黄铜的强度、塑性极差，无使用价值。

普通黄铜的代号用"黄"字的汉语拼音字头"H"加上平均含铜量的百分数表示。如 H70 表示平均含铜量为 70％的普通黄铜。如果是铸造黄铜则用"Z"即"铸"字汉语拼音字头、基体金属 Cu、合金元素及平均含量组成，如 ZCuZn38、ZCuZn40Mn2 等。

常用普通黄铜的成分、力学性能及用途见表 4-9。

常用黄铜的成分、力学性能及用途　　　　　　　　　　表 4-9

类别	合金代号或牌号	化学成分（％）		力　学　性　能			应　用　举　例
		Cu	其它	σ_b (MPa)	δ (％)	HBS	
普通黄铜	H96	95.0～97.0	余量 Zn	$\frac{240}{450}$	$\frac{50}{2}$	$\frac{—}{—}$	各种导管、冷凝管、散热片及导电零件等
	H80	79.0～81.0	余量 Zn	$\frac{320}{640}$	$\frac{52}{5}$	$\frac{53}{145}$	造纸网、薄壁管、波纹管及建筑用品等
	H62	60.5～63.5	余量 Zn	$\frac{330}{600}$	$\frac{49}{3}$	$\frac{56}{164}$	销钉、螺母、垫圈、导管、小弹簧、筛网、散热器零件等
	ZCuZn38	60.0～63.5	余量 Zn	$\frac{300}{300}$	$\frac{30}{30}$	$\frac{60}{70}$	法兰盘、阀座、手柄、螺母、螺钉、散热器等
特殊黄铜	HSn90—1	88.0～91.0	0.25～0.75Sn 余量 Zn	$\frac{280}{520}$	$\frac{40}{4}$	$\frac{58}{148}$	船舶、汽车、拖拉机的弹性套管及耐蚀、减摩零件等
	HSi80—3	79.0～81.0	2.5～4.0Si 余量 Zn	$\frac{300}{600}$	$\frac{58}{4}$	HV $\frac{60}{180}$	船舶及化工零件，如蒸汽管及水管配件等
	HMn58—2	57.0～6.0	1.0～2.0Mn 余量 Zn	$\frac{400}{700}$	$\frac{40}{10}$	$\frac{90}{178}$	腐蚀条件下工作的重要零件和弱电上使用的零件等
	HPb61—1	59.0～61.0	0.6～1.0Pb 余量 Zn	$\frac{350}{650}$	$\frac{45}{5}$	HRB $\frac{28}{88}$	结构零件，如螺钉、螺母、垫圈、衬套、喷嘴等
	HAl59—3—2	57.0～60.0	2.5～3.5Al 2.0～3.0Ni 余量 Zn	$\frac{380}{650}$	$\frac{50}{15}$	$\frac{75}{15}$	船舶、电机及常温下工作的高强度、耐蚀零件等
	ZCuZn33Pb2	63.0～67.0	1.0～3.0Pb 余量 Zn	$\frac{180}{—}$	$\frac{12}{—}$	$\frac{50}{—}$	煤气和给水设备的壳体、附件及仪器构件等

注：1. 加工黄铜的力学性能中分子为退火状态；分母为硬化状态。

　　2. 铸造黄铜的力学性能中分子为砂型铸造试样；分母为金属型铸造试样。

（2）特殊黄铜　为了改善普通黄铜的力学性能、耐腐蚀性及其工艺性能，在普通黄铜中加入 Si、Pb、Mn、Al、Ni 等合金元素所组成的铜合金，称为特殊黄铜。

特殊黄铜的代号是由"H"即"黄"字汉语拼音字头、主加元素符号、铜的含量和主加元素含量组成。例如 HSi80—30 表示含铜 80％、含硅 3％的硅黄铜。

特殊黄铜具有较好的力学性能和耐蚀性，主要用于船舶零件。特殊黄铜的成分、力学性能及用途见表 4-9。

2. 青铜

除黄铜和白铜（铜镍合金）以外的所有铜合金统称为青铜。青铜按其主加元素种类分为锡青铜、铝青铜、硅青铜、铍青铜、锰青铜等。

青铜的代号是由"Q"即"青"字汉语拼音字头、主加元素符号、主加元素含量及其它元素含量组成，如 QSn4—3 表示含锡 4%、含其它元素（这里是 Zn）3%，其余为铜的锡青铜。铸造青铜的牌号表示方法与铸造黄铜相同，如 ZCuAl9Mn2 为铸造铝青铜，其中 Al＝9%，Mn＝2%，余量为 Cu。

青铜一般具有较高的耐蚀性及良好的导电性、导热性、切削性。主要用于化工设备。仪器仪表中的耐磨件、减振件、耐蚀零件等，如齿轮、弹簧、蜗轮、轴承、丝杠螺母、管配件等。

二、铝及其合金

（一）纯铝

纯铝是一种银白色的轻金属。其特点是熔点低为 660℃，密度小为 2.7（10^3kg/m³），导电性、导热性好（仅次于铜），耐蚀性好，塑性好（$\delta＝50\%$、$\psi＝80\%$），但强度、硬度较低（$\sigma_b＝80\sim100$MPa、20HBS）。

纯铝主要用于制造导线、电缆、化工容器、食品餐具等。

纯铝根据纯度（含铝量）分为高纯铝和工业纯铝。高纯铝的纯度可达 99.996%～99.999%，仅供科研及特殊需要使用；工业纯铝纯度为 99.7%～99.8%，主要含有铁、硅等杂质。

工业纯铝共有八种，代号依次为 L1、L2、L3、L4、L 4—1、L5、L 5—1、L6，其中"L"是"铝"字的汉语拼音字头，数字表示纯度序号，序号愈大，则纯度愈低。

（二）铝合金

由于纯铝的强度低，不能用来制造承受载荷的结构零件，限制了其特性的发挥。为此，在纯铝中加入一定量的 Si、Cu、Mg、Zn、Mn 等合金元素，形成强度较高的铝合金。如果再经过冷变形和热处理，铝合金强度可以达到 $\sigma_b＝500\sim600$MPa。

铝合金的一般相图如图 4-6 所示。若铝合金中溶质 B 的含量低于最大溶解度，即 D 点以左的合金，在加热时形成的是单相 α 固溶体，这类合金塑性好，适用于压力加工，故称形变铝合金。D 点以右的铝合金，在结

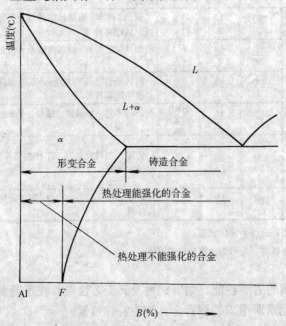

图 4-6　铝合金相图的一般形式

晶时有共晶组织存在，这类合金的凝固温度低，塑性差，但流动性好，适应于铸造加工，故称铸造铝合金。

在形变铝合金中，成分在 F 点以左的合金，冷却时其组织不随温度变化，属于热处理不能强化的铝合金；而成分在 F、D 点之间的合金，其固溶体中的溶质含量随温度而变化，属于热处理能强化的铝合金。

1. 形变铝合金

形变铝合金的塑性好，能进行各种压力加工，可制成板、管、线等型材，应用于建筑装饰、航空、化工、仪表等。

形变铝合金按其性能分为防锈铝、硬铝、超硬铝、锻铝等。

(1) 防锈铝 防锈铝包括铝-锰系和铝-镁系合金。它具有良好的塑性和耐蚀性，强度一般。主要用于防锈蒙皮、防腐容器、受力较小的结构件、建筑装饰材料等。

防锈铝的代号用"LF"（铝"、"防"两字的汉语拼音字头）和一组顺序号表示。常用的有 LF5、LF11、LF21 等。

(2) 硬铝 硬铝是铝-铜-镁系合金，经热处理（淬火＋时效）后强度可达 $\sigma_b = 400\mathrm{MPa}$。主要用于仪表、飞机骨架、螺旋桨、蒙皮等。

硬铝的代号用"LY"（"铝"、"硬"两字的汉语拼音字头）和一组顺序号表示。常用的有 LY1、LY11、LY12 等。

(3) 超硬铝 超硬铝是铝-铜-锌系合金，经热处理（淬火＋人工时效）后强度可达 $\sigma_b = 600\mathrm{MPa}$，比硬铝还高，故称超硬铝。超硬铝主要用于飞机上受力较大的结构件，如大梁、桁架、起落架等。

超硬铝的代号用"LC"（"铝"、"超"两字的汉语拼音字头）和一组顺序号表示。常用的有 LC3、LC4、LC9 等。

(4) 锻铝 锻铝多属于铝-铜-镁-硅系和铝-铜-镁-镍-铁系合金。其力学性能与硬铝相似，具有良好的热塑性和耐蚀性，适用于锻造加工，故称锻铝。主要用于航空和仪表工业、制造形状复杂的锻件或冲压件，如空压机叶轮、内燃机活塞、飞机操纵系统等。

锻铝的代号用"LD"（"铝"、"锻"两字的汉语拼音字头）和一组顺序号表示。常用的有 LD2、LD7、LD10 等。

2. 铸造铝合金

铸造铝合金按主加合金元素的不同分为铝-硅系、铝-铜系、铝-镁系、铝-锌系合金等四类，其中铝-硅系铸造铝合金应用最广。

铸造铝合金经淬火、时效处理后有较好的力学性能，加之铸造性能好，多用于铸造形状复杂、耐冲击、耐腐蚀的薄壁铸件，如仪表外壳、化工管件、风冷式发动机缸体、活塞、油泵体等。

铸造铝合金的牌号由"Z"（"铸"字的汉语拼音字头）、基体金属 Al、合金元素及平均含量组成，如 ZAlSi7Mg 表示铸造铝硅合金，其中 Si＝7％、Mg＜1.0％。

为了便于应用，铸造铝合金也采用代号表示，其代号是由"ZL"（"铸、铝"两字的汉语拼音字头）及三位数字组成，第一位数字表示合金的类别（1 为铝-硅系、2 为铝-铜系、3 为铝-镁系、4 为铝-锌系合金）；第二、三位数字表示同类合金的顺序号。如牌号为 ZAlSi7Mg 的铝合金代号为 ZL101；牌号为 ZAlMg5Si1 的铝合金代号为 ZL303。

习 题

1、什么是黑色金属？什么是有色金属？

2. 什么是钢？钢是如何进行分类的？

3. 什么是结构钢、工具钢、特殊性能钢？

4. 什么是碳素钢？其特点、应用、分类如何？

5. 硫、磷对碳素钢的力学性能有什么影响？

6. 解释下列钢的牌号，并各举一实例说明其主要用途。

Q255—A、20、08F、65Mn、T8、45、ZG270—500、T12A

7. 什么是合金钢？合金元素在钢中的作用有哪些？

8. 低合金结构钢与相同含碳量的碳素结构钢相比有哪些特点？用途如何？

9. 机械制造用钢的用途及分类如何？

10. 什么是调质钢？合金调质钢中的主要合金元素有哪些？其作用如何？常用的合金调质钢有哪些？其用途如何？

11. 什么是弹簧钢，对其性能有什么要求？

12. 合金工具钢中为什么 Cr、Mn、W、Mo 等合金元素的含量较高？低合金工具钢和高速工具钢有哪些不同之处？

13. 简述何谓不锈钢，其抗腐蚀原理是什么，分类如何，主要用途是什么？

14. 什么是耐热钢？其用途如何？

15. 解释下列钢的牌号，并说明其用途。16MnR、20Mn2B、55Si2Mn、9Mn2V、W18Cr4V、1Cr18Ni9。

16. 简述何谓铸铁，其特点如何，铸铁是怎样分类的？

17. 为什么灰铸铁的力学性能比钢差？如何改善灰铸铁的性能？

18. 什么是可锻铸铁？是如何制取的？其应用如何？

19. 简述何谓球墨铸铁，它的力学性能为什么在铸铁中最好，其应用如何？

20. 解释下列铸铁的牌号，并各举一实例说明其用途。

HT200、KTH300—10、QT400—15、RuT340

21. 什么是合金铸铁？常用的种类有哪些？用途如何？

22. 纯铜的特点及应用如何？

23. 什么是黄铜？什么是青铜？其分类如何？

24. 简述纯铝的特点及应用。

25. 铝合金是怎样分类的？其特点及用途如何？

26. 解释下列有色金属的代号或牌号，并各举一实例说明其用途。

H62、ZCuZn33Pb2、HSi80—3、QAl7、L4、LF5、LC4、ZAlCu5Mg。

第五章 非金属材料

非金属材料是工程材料中,除金属材料以外的所有材料。常用的非金属材料有塑料、橡胶、陶瓷以及复合材料等。

第一节 塑　　料

塑料是以树脂和添加剂组成的高分子（指分子量在 5000 以上的化合物）材料。

一、塑料的特点

(1) 密度小、质量轻,仅是钢的 1/8～1/4;

(2) 有良好的耐腐蚀性;

(3) 电绝缘性和绝热性好;

(4) 有良好的减摩性和耐磨性;

(5) 消声性和吸振性好;

(6) 成本低,外表美观,装饰性好。

但是,塑料的强度低,耐热性差,膨胀系数大,蠕变量大,容易老化。

二、塑料的组成

塑料是由树脂和各种添加剂组成。

（一）树脂

树脂是塑料的主要成分,约占 40%～100%,它粘结着塑料中的其它成分,使塑料具有成型性,并决定着塑料的使用性能和名称。目前使用的树脂主要是合成树脂,如酚醛树脂、聚乙烯等几十种。

（二）添加剂

添加剂是用来改善塑料性能的物质。常用的添加剂有以下几种:

1. 填充剂

填充剂是用来改善塑料物理和力学性能的。如加入木屑粉、云母、石棉粉等,可改变塑料的电绝缘性和耐热性;加入金属氧化物（Al_2O_3、TiO_2、SiO_2 等）可以提高塑料的硬度和耐磨性。

2. 增塑剂

增塑剂是用来增加塑料的塑性、流动性和柔软性的。常用的增塑剂有樟脑、甲酸脂等。

3. 稳定剂

稳定剂是用来提高塑料在光和热作用下的稳定性,防止老化,延长使用寿命。常用的稳定剂有铝的化合物、环氧化合物等。

此外,还有着色剂、润滑剂、固化剂、发泡剂、阻燃剂、抗静电剂等。

三、塑料的分类及用途

塑料的种类很多，通常按下列两种方法进行分类：

（一）按塑料受热后的性能分

1. 热塑性塑料

热塑性塑料加热后软化、熔融、冷却时凝固、变硬成型，此过程可以反复进行。其特点是成型简单，可再生使用，但耐热性和刚性较差。

2. 热固性塑料

热固性塑料加热时软化、熔融，冷却时变硬成型，但固化后的塑料既不能熔于溶剂，也不能再受热软化，只能塑制一次。其特点是耐热性好，但力学性能较差。

（二）按塑料的应用范围分

1. 通用塑料

通用塑料是指产量大、应用广、价格低、受力小的一类塑料。它主要用于农业和日常生活。

2. 工程塑料

工程塑料是指具有良好力学性能、耐热性、耐寒性、耐蚀性和电绝缘性，主要用于制造机械零件和工程结构的塑料。

3. 耐热塑料

耐热塑料是指能在较高温度（一般在 200℃左右）下工作的塑料。

常用塑料的特点及用途见表 5-1。

常用塑料的特点及用途 表 5-1

类别	名 称	代 号	主 要 特 点	应 用 举 例
热塑性塑料	聚乙烯	PE	耐腐蚀性和电绝缘性好,高压聚乙烯的柔顺性、透明性较好;低压聚乙烯强度较高,耐寒性好	高压聚乙烯:制薄膜、软管 低压聚乙烯:制耐蚀件、绝缘件、载荷不大的耐磨零件
	聚丙烯	PP	比重小,强度、硬度比低压聚乙烯高,耐热性、耐蚀性、高频绝缘性好,但低温发脆,不耐磨,易老化	可制造齿轮、泵叶轮、化工管道、接头、容器、绝缘件、表面涂层、录音带
	ABS 塑料(丙烯腈-丁二烯-苯乙烯共聚体)	ABS	兼有三组元的共同性能、坚韧、质硬、刚性好,耐蚀性、电绝缘性、成型加工性好	用来制造一般机械的减摩、耐磨及传动零件,如凸轮、齿轮、电机外壳
	聚酰胺（尼龙）	PA	有较好的坚韧性、耐磨性、耐疲劳性、耐油性等综合性能,但吸水性大,成型收缩不稳定	用来制造一般的减摩、耐磨及传动零件,如轴承齿轮凸轮;制成尼龙纤维做降落伞、潜水服
	聚甲基丙烯酸甲酯	PMMA	又称有机玻璃,具有透明性、着色性好。但耐热性差,长期使用温度只有75～80℃	制造透明件或装饰件,如飞机机舱、灯罩、光学镜片、汽车挡风玻璃、电视屏幕
	聚甲醛	POM	具有良好的综合力学性能及尺寸稳定性,减摩、耐老化性好	制造减摩、耐磨的零件,如轴承、滚轮、仪表外壳等
	聚砜	PSF	优良的耐热、耐寒、抗蠕变性,耐酸、碱和高温蒸汽,可电镀金属	制造高强度、耐热、减摩、绝缘零件,如齿轮、壳体等

类别	名 称	代号	主 要 特 点	应 用 举 例
热固性塑料	酚醛塑料	PF	具有优良的耐热、绝缘、化学稳定性及抗蠕变性,电性能和耐热性随填料而定	用于制造一般机械零件、绝缘件、耐蚀零件及水润滑轴承
	氨基塑料	UF	有良好的电绝缘性、耐电弧性,硬度高,耐磨好,耐油脂及溶剂,难燃、自熄,着色性好,光泽稳定	主要用于制造一般零件、绝缘件及装饰件,如电气开关、玩具、餐具、钮扣等
	环氧塑料	EP	它在热固性塑料中强度较高,电绝缘性好,化学稳定性好。因填料不同,性能有所差异	主要为浇铸料用于制造电气、电子元件及线圈的灌封与固定
	有机硅塑料		具有优良的电绝缘性,高电阻、高频绝缘性能好,可在180~200℃长期使用,防潮性好,耐辐射、耐臭氧、耐低温	浇铸料主要用于电气、电子元件及线圈的灌封与固定;塑料粉用于压制耐热件、绝缘件

第二节 橡　胶

橡胶是以生胶为基础加入适量的配合剂组成的高分子材料。

一、橡胶的特点

(1) 有很高的弹性和储能性,是良好的抗震、减振材料;

(2) 有良好的耐磨性、绝缘性及隔声性;

(3) 有一定的耐蚀性。

所以,橡胶在工业上应用较广,如密封件、减振件、传动带、轮胎及电缆等。

二、橡胶的组成

橡胶是由生胶和配合剂组成。

(一) 生胶

生胶又称生橡胶。按其来源可分为天然橡胶和合成橡胶两类。

1. 天然橡胶

天然橡胶是从热带橡树中流出的胶乳或杜仲树等植物的浆液中制取的。其主要成分为聚乙戊二烯。

2. 合成橡胶

合成橡胶是用化学合成的方法制成的与天然橡胶性质相似的高分子材料。常用的有丁苯橡胶、氯丁橡胶等。

(二) 配合剂

配合剂是指为改善橡胶制品的性能而加入的某些物质。配合剂主要有以下几种:

1. 硫化剂

硫化剂可使橡胶分子间形成交联网状结构而固化。常用的硫化剂有硫磺和硫化物等。

2. 硫化促进剂

硫化促进剂是用来加速硫化,缩短硫化时间。常用的硫化促进剂有氧化锌、氧化镁等。

3. 软化剂

软化剂是用来提高橡胶的塑性，改善粘附力，降低硬度，提高耐寒性。常用的软化剂有硬质酸、精制石蜡等。

4. 填充剂

填充剂是用来提高橡胶制品的强度，降低成本，改善工艺性能。常用的填充剂有炭黑、氧化硅、陶土、滑石粉和硫酸钡等。

此外，配合剂还有活性剂、防老剂、着色剂等。

工业上常用的橡胶种类、特点及用途见表5-2。

常用橡胶的种类、特点及用途 表 5-2

种 类	代 号	主 要 特 点	应 用 举 例
天然橡胶	NR	具有良好的综合性能、耐磨性、抗撕性及加工性能。但不耐高温，耐油性和耐溶剂性差，耐臭氧和老化性较差	用于制造轮胎、胶带、胶管及通用橡胶制品等
丁苯橡胶	SBR	优良的耐磨性、耐老化及耐热性均比天然橡胶好。但加工性能比天然橡胶差，特别是自粘性	用于制造轮胎、胶带、胶管及通用橡胶制品等
氯丁橡胶	CR	力学性能、耐臭氧的老化性能好，耐腐蚀、耐油性及耐溶剂性较好。但密度大，绝缘性差，加工时易粘模	用于制造胶管、胶带、电缆、粘胶剂、模压制品及汽车门窗嵌条
氟橡胶	FPM	耐高温，可在315℃以下工作，耐真空、耐腐蚀性均高于其它橡胶，但加工性能差，价格较贵	用于制造耐化学腐蚀制品，如化工衬里、垫圈、高级密封件、高真空橡胶件
硅橡胶		可在−100～+300℃下工作有良好的耐气候性、耐臭氧性、电绝缘性，但强度低，耐油性差	用于制造耐高低温制品、电绝缘制品，如各种管道接头垫圈、密封圈等

第三节 陶　瓷

陶瓷是一种无机非金属材料，是继金属材料、高分子材料之后的三大工程材料之一。

一、陶瓷的分类及用途

陶瓷一般分为普通陶瓷和特种陶瓷两大类。

（一）普通陶瓷

普通陶瓷是用粘土、长石、硅砂等天然硅酸盐矿物质为原料，经过粉碎、成型、烧结而成。它主要用于日用、卫生、建筑以及电力绝缘、耐酸、过滤等陶瓷制品。

（二）特种陶瓷

特种陶瓷是一种人工合成的材料，它是用氧化物、氮化物、硅化物、碳化物和硼化物等经粉碎、成型、烧结而成。它主要用于化工、冶金、机械、电子、能源、宇航和某些新技术中。

二、陶瓷的特点

（1）硬度高、抗压强度高、耐磨性好；

(2) 具有很高的耐热性。抗氧化性和耐蚀性；

但是，陶瓷的塑性、韧性极差，是一种脆性材料。

常用陶瓷的种类、特点及用途见表 5-3。

常用陶瓷的种类、特点及用途   表 5-3

种 类	主 要 特 点	应 用 举 例
普通陶瓷	具有质地坚硬、耐腐蚀、不导电、能耐一定高温、成本低、加工成型性好等特点，但强度较低，只能承受 1200℃ 高温	用于电气、化工、建筑等行业。如电气绝缘子；耐酸碱容器，反应塔、管道、餐具及建筑卫生设备等
氧化铝陶瓷	主要成分为 Al_2O_3，强度、硬度高，耐高温达 $1600\sim1980℃$，耐酸、碱腐蚀，绝缘性好，但脆性大	用于制造高温容器、内燃机火花塞、绝缘套管、高耐磨刀具及其零件等
氮化硅陶瓷	具有良好的化学稳定性，除氢氟酸外，能耐各种酸碱的腐蚀；硬度高、耐磨性好；电绝缘性好；抗急冷急热性好	用于制造高温轴承、热电偶套管、燃气轮机叶片、切削刀具、耐磨密封件等
碳化硅陶瓷	具有高温强度大、导热性好、热稳定性好、耐磨性好、耐蚀性及抗蠕变性好等特点	用于制造火箭尾喷管，浇注用喉嘴以及热电偶套管等高温结构材料
氮化硼陶瓷	具有良好的耐热性、热稳定性，是良好的高温绝缘及散热材料，化学稳定性好，自润滑性好，但硬度低	用于制造热电偶套管，散热绝缘零件，模具、金属切削磨料及刀具等

第四节 复 合 材 料

一、概述

复合材料是由两种或两种以上性质不同的固体材料经人工组合而成的材料。

复合材料可以充分发挥各自材料的特点，弥补不足，得到一种单一材料无法比拟的、具有综合性能和功能的材料。例如，钢筋混凝土、玻璃钢、金属陶瓷、双金属复合板等。

二、复合材料的分类

复合材料的种类很多，它们可以是非金属材料和金属材料相互复合；也可以是非金属材料相互复合，还可以是金属材料相互复合。

复合材料常见的分类方法有以下几种：

（1）按基体分　分为非金属基体（如高聚物、陶瓷等）复合材料和金属基体复合材料两类。

（2）按增强相的种类和形状分　分为纤维增强复合材料、层叠复合材料及颗粒复合材料等。

（3）按性能分　分为结构复合材料和功能复合材料。结构复合材料是指用于制造各种结构件的复合材料；功能复合材料是指具有某种物理功能和效应的复合材料。

三、常用的复合材料

（一）纤维复合材料

纤维复合材料是以玻璃纤维、碳纤维、硼纤维等材料作为复合增强剂，复合于塑料、树脂、橡胶和金属为基体的材料中所形成的复合材料。例如，橡胶轮胎、玻璃钢等。

纤维复合材料具有比较强度（强度和密度的比）和比模量（弹性模量和密度的比）高，减振性、抗疲劳性、耐热性和耐蚀性好等特点。目前应用最广的纤维复合材料是玻璃纤维复合材料和碳纤维复合材料。

1. 玻璃纤维复合材料

玻璃纤维复合材料是用玻璃纤维与树脂复合而成。它具有良好的耐蚀性、抗烧性，较高的强度和冲击韧性，因此又称玻璃钢。

玻璃钢主要用于汽车、农机、化工等受力构件及电器设备中的绝缘件，如汽车车身、轻型船体、直升飞机的旋翼、氧气瓶、石油化工管道和容器、阀门等。

2. 碳纤维复合材料

碳纤维复合材料是用碳纤维与树脂复合而成。它的强度比玻璃钢高，接近于高强度钢，此外它还具有良好的耐磨性、减摩性、自润滑性和耐蚀性、耐热性等。

碳纤维复合材料主要用于承载零件和耐磨件，如连杆、齿轮、轴承、活塞等；石油化工的耐蚀零件，如管道、泵、阀、容器等；宇航飞行器外壳等。

（二）层叠复合材料

层叠复合材料是由两层或两层以上不同材料复合而成。工业上常用的层叠复合材料有以下几种：

1. 双层金属复合材料

双层金属复合材料是将不同性能的两种金属，用胶合或熔合（铸造、热压、焊接等）等方法复合在一起，以得到不同要求的材料。例如，温控器用双金属复合板、不锈钢——碳素钢复合板、合金钢——碳素钢复合板等。

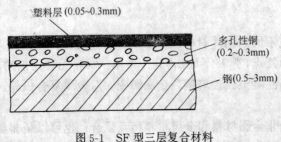

图 5-1　SF 型三层复合材料

2. 塑料——金属多层复合材料

例如常用的 SF 型三层复合材料，是以钢为基体，烧结铜网或铜球为中间层，塑料为表层的一种自润滑复合材料。如图 5-1 所示。这种材料主要用于无润滑油条件下的轴承、摩擦面等。

3. 夹层结构复合材料

夹层结构复合材料是由两层薄而强度高的面板（或称蒙皮）中间夹着一层轻而强度低的芯板（如泡沫、塑料、石棉等）组成。其特点是自重轻、隔热、隔声、绝缘等。

（三）颗粒复合材料

颗粒复合材料是由一种或多种材料的颗粒，均匀分布在基体材料内所形成的材料。工业上常用的颗粒复合材料有以下几种：

1. 金属陶瓷

金属陶瓷是将陶瓷颗粒均匀分布在金属基体中，使两者复合在一起的材料。金属陶瓷主要吸取了陶瓷耐高温、硬度高、耐腐蚀等特点，弥补了金属的高温易氧化及容易产生蠕变等不足，使金属陶瓷具有硬度、强度高，耐磨性、耐蚀性、红硬性好等特点。主要用于高速切削刀具和高温耐磨材料等。

2. 石墨——铝合金颗粒复合材料

石墨——铝合金颗粒复合材料是将石墨颗粒悬浮于铝合金液体中,浇注成铸件而得。它具有良好的减摩性、减振性,是一种新型的轴承材料。

习　题

1. 什么是塑料？其特点如何？

2. 塑料是由哪些物质组成？各起什么作用？

3. 热塑性塑料和热固性塑料有什么不同？

4. 什么是橡胶？其特点如何？

5. 橡胶是由哪些物质组成？其中配合剂的作用是什么？

6. 简述什么是普通陶瓷？什么是特殊陶瓷？其用途如何？

7. 什么是复合材料？其分类如何？

8. 什么是纤维复合材料？其特点如何？

9. 分别例举三个塑料、橡胶、陶瓷、复合材料在工业中的应用实例。

10. 为下列产品选择合适的加工材料：

轮胎　　卫生洁具　　高压电绝缘子　　耐酸泵齿轮　　浴盆　　绝缘板　　室内排水管　　汽车风挡玻璃　　管接头密封圈

第二篇　金属的焊接与气割

焊接是将分离的金属，通过局部加热或加压，并借助于金属内部原子的扩散与结合作用，使其牢固的连接起来的工艺。

焊接与其它金属联接方法（如铆接、螺栓联接等）相比，其特点是结构简单、节省材料、接头强度高、气密性好、生产效率高、成本低等。由于焊接是不均匀的加热和冷却过程，焊后容易产生焊接应力和变形等缺陷，但是只要选择适当的焊接方法，采取一定的措施是会减少或消除这些缺陷的。

焊接广泛应用于机械制造、建筑结构、桥梁、管道、锅炉及容易制造、船舶、航天工业等。

焊接方法种类很多，常用的焊接方法按其工艺特点分类如下：

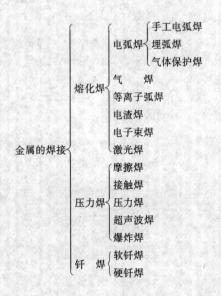

第六章　手 工 电 弧 焊

手工电弧焊是利用焊条与焊件之间产生的电弧热，熔化焊条及焊件所进行的一种手工操作焊接方法。

手工电弧焊的特点是设备简单、操作方便、成本低、应用广等。

第一节 焊 接 电 弧

一、焊接电弧的形成

焊接电弧是焊条与焊件间的气体介质，产生强烈持久的放电现象，也就是局部气体导电的现象。

焊接时，焊条与焊件分别接焊接电源（弧焊机）的两极，然后将焊条与焊件瞬时接触，产生短路电流温度升高，使接触处金属熔化并产生金属蒸气。此时迅速将焊条提起一段距离 l（$l<5mm$），在高温及电场力的作用下，阴极将发射出电子并撞击气体分子，使气体介质电离成正离子和负离子。正、负离子及电子向两极定向高速运动，在运动过程中不断碰撞和复合（动能转变为热能），产生大量的光和热，便形成焊接电弧。如图 6-1 所示。

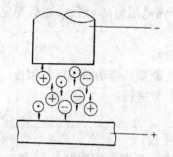

⊙电子　⊕正离子　⊖负离子

图 6-1　两极间的离子运动示意图

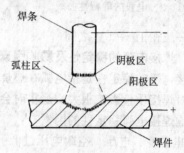

图 6-2　焊接电弧的构成

二、焊接电弧的构造

焊接电弧稳定燃烧后，其构造分为三个区域，即阴极区、阳极区和弧柱区，如图 6-2 所示。

（一）阴极区

阴极区是电弧靠近负电极的区域。阴极区宽度约为 $10^{-5}\sim10^{-6}cm$，温度约为 2130～3230℃，放出的热量占 36%左右。

（二）阳极区

阳极区是电弧靠近正电极的区域。阳极区宽度约为 $10^{-3}\sim10^{-4}cm$，温度约为 2330～3930℃，放出的热量占 43%左右。

（三）弧柱区

阴极区和阳极区之间的电弧称为弧柱区。弧柱区长度约为弧长，温度高达 5730～7730℃，放出的热量占 21%左右。

三、焊接电弧的极性及应用

采用直接电弧焊时，如果把电源的负极接焊条、正极接焊件称为正接法。正接法电弧中的热量大部分集中在焊件上，可以加快焊件的熔化速度、保证熔深，常用于焊接较厚的焊件。

如果把电源负极接焊件、焊条接正极称为反接法。反接法焊件温度低、变形小、金属元素烧损少，常用于焊接薄壁件、有色金属及不锈钢等。

当采用交流电弧焊时，因电源极性交替变化，两极的温度基本相同，所以不存在正反极接法。

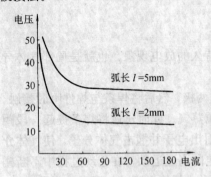

图 6-3　电弧的静特性曲线

四、电弧的静特性

在弧长一定并稳定燃烧的情况下，焊接电流与电弧电压变化的关系称为电弧的静特性。图 6-3 是两种弧长的静特性曲线，从图上可以看出，电流较小时，电弧燃烧所需电压较高，这是由于电流小气体介质电离度低、电阻较大所致。随着电流增大，气体电离度提高，电弧电压迅速下降。当焊接电流大于 30～50A 时，电弧电压不再随电流的增大而变化。

手工电弧焊电弧长度为 2～5mm，电弧愈长、电阻愈大，稳定燃烧所需电压愈高。因此，电弧稳定燃烧时的电压一般在 16～35V 之间。

五、焊接电弧的稳定性及影响因素

焊接电弧的稳定性是指电弧在燃烧过程中，不产生断弧、摆动及偏吹的程度。电弧的稳定性对焊接质量影响很大，严重时会造成焊接不能正常进行。

影响焊接电弧稳定性的因素有：

1. 电源空载电压　空载电压过低引弧困难、电弧不稳。

2. 焊接电流　焊接电流大、电弧温度高、电离度高、电弧稳定性好。

3. 焊条药皮　焊条药皮中含有过多难电离的物质，如氟化物和氯化物，使电弧烧不稳。药皮薄厚不均匀，也会造成电弧偏吹等不稳定现象。

4. 磁场对焊接电弧的影响　在直流电弧焊时，因直流电所产生的磁场作用，使电弧发生偏吹称为磁偏吹。磁偏吹主要是由于磁场力在电弧周围分布不均造成的。

5. 其它影响因素　如电弧长度；焊接接头不清洁，有油漆、油脂、水分及污物等；室外操作气流、风力等都对焊接电弧稳定性有一定影响。

第二节　手工电弧焊焊接过程

一、手工电弧焊的焊接过程

手工电弧焊的焊接过程如图 6-4 所示。将焊件和焊条与焊接电源相连接并引燃电弧，电弧在焊件与焊条之间燃烧产生热量，使焊条和焊缝接头处金属熔化形成熔池。同时焊条药皮熔化后形成气体和溶渣覆盖在熔池表面，起到保护熔池金属的作用。随着焊条向前移动，不

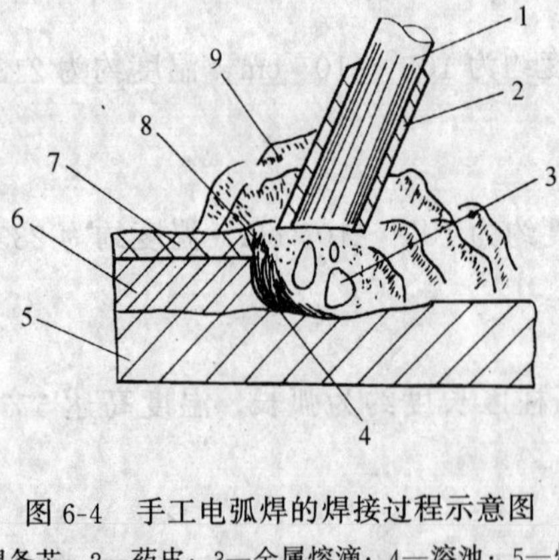

图 6-4　手工电弧焊的焊接过程示意图
1—焊条芯；2—药皮；3—金属熔滴；4—溶池；5—焊件；
6—焊缝；7—渣壳；8—熔渣；9—气体

断形成新的熔池，原有熔池金属冷却凝固形成连续的金属焊缝。覆盖在熔池上的熔渣也随之冷却凝固形成渣壳，焊后除掉。

二、电弧焊冶金过程及特点

电弧焊冶金过程是指在熔化焊时，熔化的金属、熔渣及气体介质之间进行的金属氧化、还原、脱硫等一系列化学和冶金反应。

电弧焊冶金过程的特点是冶金过程温度高、进行时间短，焊缝金属容易产生气孔、夹渣及偏析等缺陷。焊接时，电弧的温度一般高达 $6000 \sim 8000 ℃$，使金属剧烈蒸发，并将电弧周围的空气加热分解成氧、氮、氢等原子或离子，它们很容易溶解到液态金属中形成金属氧化物、氮化物及氢气等。由于冷却速度快，液态金属结晶时间短（只有几秒钟），这些金属化合物和气体来不及析出，就造成气孔、夹渣、偏析等缺陷。

由电弧焊冶金过程的特点可以看出，熔化焊的冶金反应对焊缝金属的化学成分、组织结构及力学性能影响很大。因此，必须控制焊接的冶金过程，如向熔池中加入脱氧剂脱氧；加入造渣剂和造气剂，形成熔池和保护气体，以利于排除杂质及保护熔池不被氧化和氮化；加入合金元素以弥补蒸发和烧损的金属及合金元素。

第三节　手工电弧焊的设备

手工电弧焊的主要设备是弧焊机，它是为电弧焊提供电源的设备。它分为交流弧焊机和直流弧焊机两大类。

一、对弧焊机的基本要求

为了保证焊接电弧的稳定燃烧和使用可靠，要求弧焊机必须具备下列基本要求：

1. 必须具有较高的空载电压。为保证引弧容易、电弧燃烧稳定及操作安全，一般空载电压 U_0 为：直流弧焊机 $40 \sim 90V$；交流弧焊机 $60 \sim 80V$。

2. 要求弧焊机的电压能随弧长度变化而改变，以保证电弧稳定燃烧。

3. 要求焊接短路电流不得超过工作电流的 1.5 倍。同时要求在焊接过程中电流的变化范围小。

4. 要求弧焊机要有良好的可调性。要能适应不同焊接材料、厚度、接头形式、焊接位置及焊条直径等。

5. 要求弧焊机耗电小、结构简单、工作可靠、维修方便等。

为了满足以上要求，弧焊机必须提供具有下降外特性的电源，如图 6-5 曲线 A 所示。下降的外特性电源，具有较高的空载电压 U_0；当由引弧点 1 到正常焊接工作的稳定燃烧点 2 时，电压可随电流增加而减小；并且短路电流 I_0 也有一定的限度，即 $I_0 < 1.5 I_1$。

下降的外特性电源，还能满足当弧长变化时电流变化较小，如图 6-6 所示，这样可以保证焊接质量，便于操作。

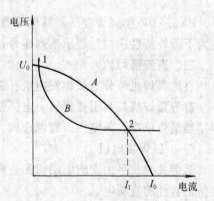

图 6-5　焊接电源外特性（曲线 A）和电弧静特性（曲线 B）的关系

二、交流弧焊机

交流弧焊机实质是一种具有一定特性的变压器，故又称弧焊变压器。它是把普通工业用220V或380V的电压，调整为能满足焊接所需的低电压（$U_0 < 80V$）、高电流（$I_{额} = 300 \sim 500A$），并且具有下降的外特性电源。

图6-7是常用的BX3—300型弧焊变压器。当初级绕组接于200V或380V交流电源时，次级绕组产生感生电动势，电压为60~75V，即弧焊机的空载电压。次级绕组可通过调节手柄在铁芯中上

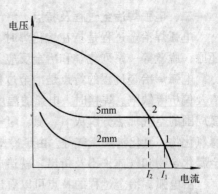

图 6-6　弧长改变时焊接电流的变化

下移动，以改变初、次级绕组间的距离来调节焊接电流的大小。初、次级绕组还可通过电源转换开关，分别接成串联（接法 I）和并联（接法 II），使之得到较大的电流调节范围（一般在40~400A之间）。

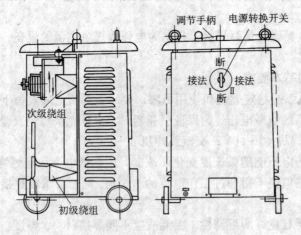

图 6-7　BX3—300 型弧焊变压器

BX3—300型弧焊变压器其型号含意为："B"表示弧焊变压器；"X"表示焊接电源外特性为下降外特性；"3"表示系列序号；"300"表示额定电流为300A。

三、直流弧焊机

直流弧焊机可分为弧焊发电机、弧焊整流器及逆变式弧焊整流器三种类型。

直流弧焊机具有引弧容易、电弧稳定、焊接质量好、有正反极接法等特点。主要用于焊接质量要求高、薄壁件、有色金属、铸铁及特殊性能钢等。

（一）弧焊发电机

弧焊发电机是由交流电动机和直流发电机组成。由电动机带动直流发电机，发出供焊接所需特性的直流电。

常用弧焊发电机有AX—320型、AX1—500型。型号中除"A"表示弧焊发电机外，其余符号表示含意与弧焊变压器相同。

由于弧焊发电机体积大、耗电量高等原因，已逐渐被淘汰。

（二）弧焊整流器

弧焊整流器是用大功率硅整流元件，将交流电经过变压、整流后形成焊接所需要的直流电。弧焊整流器主要由降压变压器、硅整流器组及输出电抗器等部分组成。降压变压器将工业用的 220V 或 380V 电压降至焊接所需电压，整流器组将变压器送来的交流电变为直流电，在经过输出电抗器滤波，即成为满足焊接用的直流电。

常用的弧焊整流器有 ZXG1—250、ZXG—300 型等。型号中"Z"表示弧焊整流器；"G"表示硅整流器；其它符号含意与弧焊变压器相同。

（三）逆变式弧焊整流器

逆变式弧焊整流器是近几年国内外开发研制的一种，新型高效、具有极高综合技术指标的焊接设备。它采用了带有直流、交流的逆变装置，将直流电变成中频交流电，然后送入体积较小的中频变压器变压，并经先进的整流系统变流、滤波，获得能满足焊接需要的、可以连续调节的直流电压和电流。

逆变式弧焊整流器具有效率高、输出电流稳定焊接质量好、耗电量小（是弧焊发电机的 $\frac{1}{3}$）、体积小（节省材料达 80％）、操作方便可靠等特点。

我国逆变式弧焊整流器的系列产品型号为 ZXT—×××型，它的工作原理框图如图 6-8 所示。

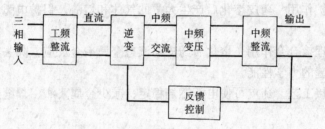

图 6-8. ZXT 系列逆变式弧焊整流器工作原理框图

四、手工电弧焊的其它用具

手工电弧焊的设备除弧焊机外，还有焊钳、电缆及防护用具等。

（一）焊钳

焊钳是用来夹持焊条和传导电流的用具。钳口用导电性能好的金属、外壳用绝缘材料制造。

（二）电缆

电弧焊使用的电缆要求用多股纯铜丝制成、绝缘性好、有足够截面积等。

（三）面罩

面罩是用来保护焊工的面部、眼睛不被弧光和飞溅金属灼伤。

除此之外还有皮手套、皮足盖、绝缘胶鞋等防护用品，用以防止触电和烧伤。

第四节 焊 条

手工电弧焊的焊条既是电极，熔化后又作为充填金属与熔化的母材形成焊缝。因此，焊条的质量直接影响着电弧的稳定性及焊缝金属的化学成分和力学性能。

一、焊条的组成

焊条是由焊芯和药皮组成，如图 6-9 所示。

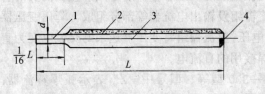

图 6-9　焊条的组成示意图
1—夹持端；2—药皮；3—焊芯；4—引弧端

（一）焊芯

焊芯又称金属芯。是焊缝金属的充填材料，约占其 $50\%\sim70\%$，焊芯的质量决定了焊缝质量的好坏。因此，焊芯匀采用优质及高级优质钢材特殊冶炼而成。焊芯直径 $d=2\sim6mm$，长度 $L=250\sim450mm$ 它也是焊条的规格。

焊芯分为以下三类：

1. 碳素结构钢焊芯　常用型号有 H08、H08A、H08E 等。其中"H"表示焊接用钢丝；

2. 合金结构钢焊芯　常用型号有 H08Mu2Si、H10Mu2MₒA 等；

3. 不绣钢焊芯　常用型号有 H1Cr13、HOCr19Ni9 等。

（二）药皮

药皮是压涂在焊芯表面的涂料。

1. 药皮的作用

（1）机械保护作用　药皮熔化后产生大量的气体和熔渣，保护电弧和熔池减少有害气体的侵入。

（2）冶金处理掺合金作用　熔化后药皮与液态金属冶金反应，除去有害杂质、添加合金元素、改善焊缝的力学性能。

（3）改善焊接工艺　药皮可使电弧燃烧稳定、减少金属飞溅、焊缝成形好、熔敷效率高。

2. 药皮的组成

组成药皮成分的种类很多，按其在焊接过程所起的作用分为：

（1）稳弧剂　主要作用是改善引弧性能，提高电弧的稳定性。常用的材料有碳酸钾、碳酸钠、水玻璃、大理石等。

（2）造渣剂　能产生一定量的熔渣，起保护焊缝的作用。常用的材料有钛铁矿、长石萤石等。

（3）造气剂　主要作用是产生保护气体。常用材料有大理石、木粉、淀粉等。

（4）合金剂　主要用于补偿焊缝中烧损的合金元素。常用的材料是铬、钼、锰、硅、钛、钒的铁合金。

（5）脱氧剂　利用脱氧剂与氧亲和力大于铁，对熔渣和焊缝金属脱氧。常用的材料有锰铁、硅铁、铝铁、石墨等。

（6）稀释剂　主要作用是降低熔渣粘度、增加流动性。常用的材料有萤石、长石、钛铁矿等。

（7）粘结剂　主要作用是将药皮牢固地粘结焊芯上。常用的材料有水玻璃、树脂胶类等。

（8）增塑剂　作用是改善涂料的塑性和润滑性，便于机械压涂。常用的材料有云母、白泥、钛白粉等。

3. 药皮的类型

药皮的类型是根据其成分中主要材料而确定的。药皮类型不同，焊接的操作工艺和焊接性能也不同，即是同一种焊芯药皮类型不同，焊条的性能也大不相同。

手工电弧焊焊条药皮分为钛型、钛钙型、钛铁矿型、氧化铁型、纤维素型、低氢型、石墨型、盐基型等八种类型。

二、焊条的分类及型号

（一）焊条的分类

1. 按焊条的用途分

（1）代碳钢和低合金高强度钢焊条（统称为结构钢焊条）；

（2）钼和铬钼耐热钢焊条；

（3）不锈钢焊条；

（4）堆焊焊条；

（5）低温焊条；

（6）铸铁焊条；

（7）镍及镍合金焊条；

（8）铜及铜合金焊条；

（9）铝及铝合金焊条；

2. 按焊条药皮熔化后的熔渣特性分

（1）酸性焊条　熔渣的主要成分是酸性氧化物，如 SiO_2、TiO、Fe_2O_3 等。其特点是焊缝力学性能较低，但对铁锈不敏感，不易产生气孔。主要用于低碳钢和不太重要的结构件。

（2）碱性焊条　熔渣的主要成分是碱性氧化物，如大理石（$CaCO_3$）、萤石（CaF_2）等。其特点是脱氧能力强、合金元素烧损少，焊缝金属的力学性能和抗裂性都好。它主要用于合金钢和重要碳素钢结构件的焊接。

（二）焊条型号的编制

由于焊条的种类较多、型号各异，不能一一例举，仅以结构钢焊条为例，介绍焊条型号的编制方法。

结构钢焊条包括低碳钢和低合金高强度钢焊条，其型号分为五个部分：即 E×××× —
①　　②　③④

⑤

1. 字母"E"表示焊条；

2. 前两位数字表示熔敷金属的最小抗拉强度值，单位为 $\times 10MPa$。

3. 第三位数字表示焊接位置，"0"和"1"表示焊条适用于全位置焊接，"2"表示适用于平焊和平角焊，"4"表示适用于向下立焊。

4. 第三、四位数字组合，表示焊接药皮类型和电流种类，见表6-1。

5. 用字母表示低合金高强度钢焊条熔敷金属的化学成分分类代号，其中 A 表示碳—钼钢焊条；B 表示铬—钼钢焊条；C 表示镍—钢焊条；NM 表示镍——钼钢焊条；D 表示锰—钼钢焊条；G、M、W 表示其它低合金高强度钢焊条。字母后的数字表示同一等级焊条的序号。

结构钢焊条型号的第三、四位数字组合含义 表 6-1

焊条型号	药皮类型	焊接位置	电流种类
E××00	特殊型		
E××01	钛铁矿型	平、立、横、仰	交流或直流正、反接
E××03	钛钙型		
E××10	高纤维钠型		直流反接
E××11	高纤维钾型		交流或直流反接
E××12	高钛钠型		交流或直流正接
E××13	高钛钾型		交流或直流正、反接
E××14	铁粉钛型		
E××15	低氢钠型		直流反接
E××16	低氢钾型		交流或直流反接
E××18	铁粉低氢型		
E××20	氧化铁型		交流或直流正接
E××22			
E××23	铁粉钛钙型	平焊、平角焊	交流或直流正反接
E××24	铁粉钛型		
E××27	铁粉氧化铁型		交流或直流正接
E××28	铁粉低氢型		交流或直流反接
E××48		平、立、横、仰、立向下	

例如，ES015 代表低碳钢焊条，其中熔敷金属的 $\sigma_b > 500MPa$，适用于全位置焊接，焊条药皮为低氢钠型，焊接电源采用直流反接。

E6016—D1 代表低合金高强度钢焊条，其中熔敷金属的 $\sigma_b > 600MPa$，适用于全位置焊接，焊条药皮为低氢钾型，焊接电源采用交流或直流反接，熔敷金属的化学成分为锰—钼钢。

对于其它类型的焊条在应用时可查阅焊接手册。常用焊条型号和曾用牌号对照见符表Ⅲ。

三、焊条的选用

焊条的种类很多，合理选用焊条可以保证焊接质量、提高生产率、降低成本、改善劳动强度。焊条的选用一般根据以下情况进行选择：

（一）根据焊件的力学性能和化学成分选择

对于结构钢焊接时，一般选用与焊件强度相同或稍高的焊条。如焊接 Q235 钢时选用 E4303 焊条。

对于特殊性能钢（如不锈钢、耐热钢）焊接时，应选择与焊件化学成分及化学性能相似的焊条。

（二）根据焊件的工作条件和工艺条件选择

对于承受动载荷、冲击载荷及低温下工作的焊件，应选择碱性低氢型焊条。

当焊接部位的铁锈、油污及氧化皮等脏物难以清理时，可选用抗气孔性能较强的酸性焊条。

（三）根据焊件形状、刚度及重要程度选择

当焊件形状复杂、刚度较大、抗裂性要求较高时，应选择碱性焊条。如制造锅炉、压力容器、油罐等。

第五节 手工电弧焊工艺

焊接工艺对焊接过程影响很大，根据焊件的具体情况，选择与其相适应的焊接工艺，可获得所需要的高质量的焊件。

一、焊接接头形式

焊接接头型式是根据焊件的结构、厚度及使用要求来确定的。常用的接头型式有对接、角接、T形及搭接接头四种。如图6-10所示。

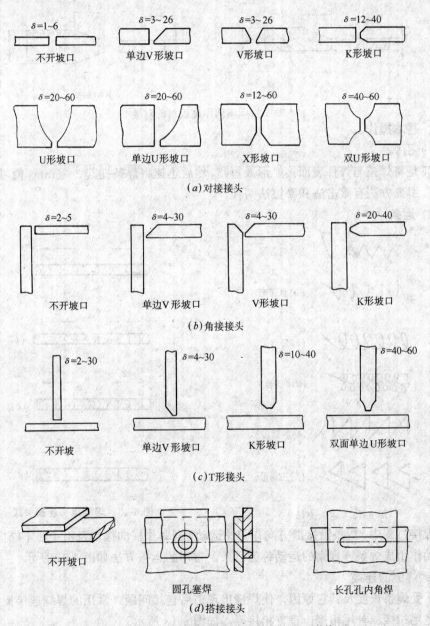

图 6-10 手工电弧焊焊接接头型式和坡口形状

当焊件厚度超过 6mm 时，为保证焊接接头处全部为冶金结合（即焊透），获得高质量的焊缝，应在接头处开坡口。坡口的形状有 V 形、K 形、X 形、U 形等。（如图 6-10）。

对于不同厚度的板材在对焊时（如图 6-11 所示），如果厚度差（$\delta-\delta_1$）未超过表 6-2 的规定，则焊接接头型式按较厚板材选取。若厚度差超过表 6-2 的规定，则应在较厚的板材上加工出单面削薄（如图 6-11a）或双面削薄（如图 6-11b），其削薄长度 $L \geqslant 3(\delta-\delta_1)$。

焊接厚度差范围表（mm）　　　　　　　　　　　　表 6-2

较薄板的厚度 δ_1	$\geqslant 2\sim 5$	$>5\sim 9$	$>9\sim 12$	>12
允许厚度差（$\delta-\delta_1$）	1	2	3	4

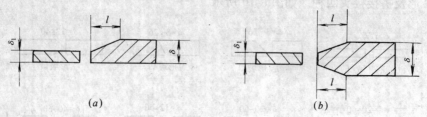

图 6-11　不同厚度板材的对接

二、基本操作

（一）引弧

引弧是将焊条与焊件表面接触形成短路，然后迅速将焊条提起 2～5mm，便可产生稳定的电弧。引弧方法有敲击法和摩擦法两种。

（二）运条

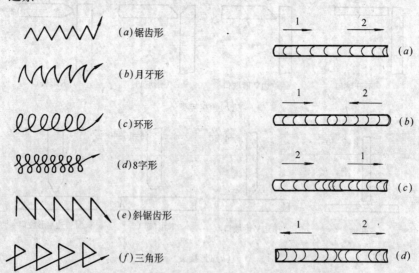

图 6-12　运条方法　　　　　　图 6-13　焊缝接头连接型式

在焊接过程中，焊条沿接缝方向作匀速运动，同时作横向摆动及沿中心不断向下送进，这三种动作组成焊条有规则的运动称为运条。常用的运条方法如图 6-12 所示。

（三）焊缝的连接

由于受焊条长度及其它原因，使焊缝出现前后连接问题。常用的焊缝连接型式有尾首相接、尾尾相接、首尾相接、首首相接等，如图 6-13 所示。

（四）焊条的倾角

在焊接时，焊条沿焊接前进方向倾斜的角度称为焊条倾角。如图6-14所示。其中应用最广的是逆火焊，其特点是焊接热量比较集中，焊接质量好，可以防止熔池超前，避免产生气孔和夹渣。正火焊、顺火焊一般只用于薄板或有色金属材料的焊接。

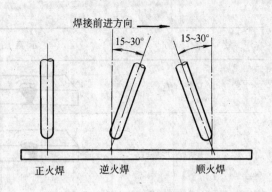

图 6-14　焊条的倾角

三、焊缝的空间位置

焊缝的空间位置有平焊缝、横焊缝、立焊缝、仰焊缝四种，如图6-15所示。其中平焊焊条熔滴容易向熔池过渡，熔池容易形成，生产效率高、焊缝质量好、操作方便，应尽可能采用平焊。

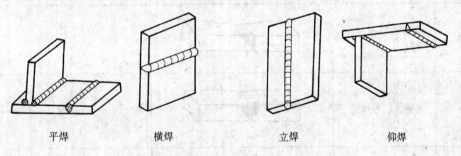

平焊　　　　横焊　　　　立焊　　　　仰焊

图 6-15　焊缝的空间位置

四、焊缝符号

在图样上标注焊接方式、焊缝型式和焊缝尺寸的符号称为焊缝符号。根据GB324—88《焊缝在图样上的符号表示方法》，焊缝符号一般由基本符号与指引线组成，必要时还采用辅助符号、补充符号及焊缝尺寸符号加以说明。

（一）符号

1. 基本符号

基本符号是表示焊缝横截面形状的符号，它采用近似于焊缝横截面形状的符号来表示，如表6-3所示。

基本符号 　　　　　　　　　　　　　　　　　　　　　　表6-3

序　号	名　　称	示　意　图	符　　号
1	卷边焊缝		八
2	I 形焊缝		‖

序 号	名 称	示意图	符 号
3	V 形焊缝		∨
4	单边 V 形焊缝		∨
5	带钝边 V 形焊缝		Y
6	带钝边单边 V 形焊缝		Y
7	带钝边 U 形焊缝		Y
8	带钝边 J 形焊缝		Y
9	封底焊缝		⌣
10	角焊缝		◺
11	塞焊缝或槽焊缝		⊓

74

序 号	名 称	示 意 图	符 号
12	点焊缝		○
13	缝焊缝		⊖

2. 辅助符号

辅助符号是表示焊缝表面形状特征的符号，如表6-4所示。

辅 助 符 号 表6-4

序 号	名 称	示 意 图	符 号	说 明
1	平面符号		—	焊缝表面齐平（一般通过加工）
2	凹面符号		⌣	焊缝表面凹陷
3	凸面符号		⌢	焊缝表面凸起

3. 补充符号

补充符号是为了补充说明焊缝的某些特征而采用的符号，如表6-5所示。

序 号	名 称	示 意 图	符 号	说 明
1	带垫板符号		▭	表示焊缝底部有垫板
2	三面焊缝符号		⊐	表示三面带有焊缝
3	周围焊缝符号		○	表示环绕工件周围焊缝
4	现场符号		◣	表示在现场或工地上进行焊接
5	尾部符号		<	可参照 GB5185 标注焊接工艺方法等内容

（二）指引线

指引线一般由箭头线和基准线两部分组成。其中基准线有两条，一条实线、一条虚线，如图 6-16 所示。

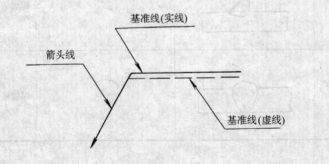

图 6-16　指引线

（三）符号在图样中的位置

1. 箭头线和接头的关系

箭头线和接头的关系是，当焊缝在箭头所指的一侧，为接头的箭头侧（如图6-17（a））；当焊缝在箭头线所指的另一侧，为接头的非箭头侧（如图6-17（b））。

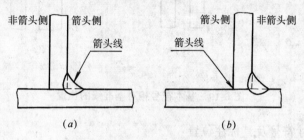

图 6-17　单面角焊缝的 T 形接头
(a) 焊接在箭头侧；(b) 焊缝在非箭头侧

2. 箭头线的位置

箭头线相对焊缝的位置一般没有特殊要求（如图6-18（a）、（b）），但是标注 V、Y、J 形焊缝时，箭头线应指向带有坡口一侧的焊缝（如图6-18（c））。

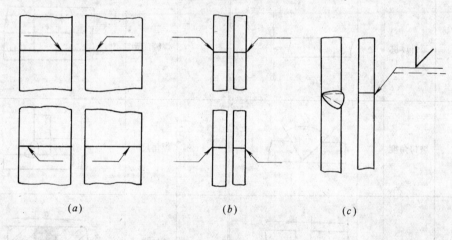

图 6-18　箭头线的位置

3. 基准线的位置

基准线一般应与图样的底边平行，基准线的虚线可以画在实线下方或上方。

4. 基本符号相对基准线的位置

为了能在图样上确切地表示焊缝的位置，特将基本符号相对基准线的位置作以下规定：

（1）如果焊缝在接头的箭头侧，则基本符号标在基准线的实线方，如图6-19（a）所示；

（2）如果焊缝在接头的非箭头侧，则基本符号标在基准线的虚线方，如图6-19（b）所示；

（3）如果是对称焊缝和双面焊缝，则基本符号对称标在基准线的实线上，此时没有虚线，如图6-19（c）所示。

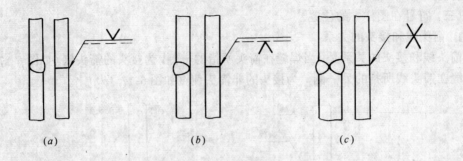

(a)　　　　　　　　(b)　　　　　　　　(c)

图 6-19　基本符号相对基准线的位置

（四）焊缝尺寸符号及其标注位置

1. 焊缝尺寸符号

为了进一步说明基本符号，有时还标有尺寸符号及数据。焊缝尺寸符号如表 6-6 所示。

焊 缝 尺 寸 符 号　　　　　　表 6-6

符　号	名　称	示　意　图	符　号	名　称	示　意　图
δ	工件厚度		e	焊缝间距	
α	坡口角度		k	焊角尺寸	
b	根部间隙		d	熔核直径	
p	钝边		s	焊缝有效厚度	
c	焊缝宽度		N	相同焊缝数量符号	

78

符 号	名 称	示 意 图	符 号	名 称	示 意 图
R	根部半径		H	坡口深度	
l	焊缝长度		h	余高	
n	焊缝段数	$n=2$	β	坡口面角度	

2. 标注原则

焊缝尺寸符号及数据标注原则如图 6-20 所示。

(1) 焊缝横截面上的尺寸标在基本符号的左侧;

(2) 焊缝长度尺寸标在基本符号的右侧;

(3) 坡口角度、坡口面角度及根部间隙符尺寸,标在基本符号的上方或下方;

(4) 相同焊缝数量符号标在尾部;

(5) 当尺寸数据较多不易分辩时,可在数据前加上相应的尺寸符号。

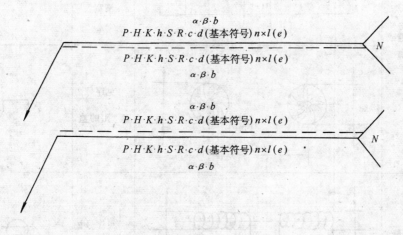

图 6-20　焊缝尺寸的标注原则

焊缝尺寸的标注示例如表 6-7 所示。

序号	名　称	示　意　图	焊缝尺寸符号	示　例
1	连续角焊缝		k:焊角尺寸	
2	断续角焊缝		l:焊缝长度 e:焊缝间距 n:焊缝段数	$n \times l$ (e)
3	交错断续角焊缝		$\left.\begin{array}{l} l \\ e \\ n \end{array}\right\}$见序号2 k:见序号1	$n \times l$ (e) $n \times l$ (e)
4	塞焊缝或槽焊缝		$\left.\begin{array}{l} l \\ e \\ n \end{array}\right\}$见序号2 c:槽宽	c $n \times (e)$
			$\left.\begin{array}{l} n \\ e \end{array}\right\}$见序号2 d:孔的直径	c $n \times (e)$
5	缝焊缝		$\left.\begin{array}{l} l \\ e \\ n \end{array}\right\}$见序号2 c:焊缝宽度	c $n \times (e)$

序号	名 称	示 意 图	焊缝尺寸符号	示 例
6	点焊缝		n：见序号2 e：间距 d：焊点直径	$d \bigcirc n\times (e)$

五、焊接工艺参数的选择

手工电弧焊焊接工艺参数主要有焊条直径、焊接电流、焊接速度、电弧长度及焊接层数等。正确选择焊接工艺参数，对提高焊接质量及生产效率都有重要的意义。

（一）焊条直径的选择

焊条直径主要根据焊件厚度选择，焊件愈厚、焊条直径愈大。焊条直径可参考表6-8进行选择。

焊条直径选择的参考数据　　　　　　　　　　　　　　　表6-8

焊件厚度（mm）	2	3	4～5	6～12	≥12
焊条直径（mm）	2	3.2	3.2～4	4～5	5～6

另外在横焊、立焊和仰焊时，焊条直径要选得比相同条件的平焊小一些，一般不超过4mm，这样可以减少熔化金属的外流。

（二）焊接电流的选择

焊接电流的大小对焊缝质量及生产率影响很大。焊接电流大能提高生产效率，但是电流过大焊条熔化过快加剧金属飞溅，同时还容易产生烧穿、咬边等焊接缺陷；如果焊接电流过小电弧不稳、生产率低，还会造成未焊透及夹渣等缺陷。

焊接电流的选择主要依据焊条直径。当焊条直径在3～6mm、平焊低碳钢和低合金结构钢焊件时，可根据下面的经验公式进行计算：

$$I = (35 \sim 55)d \tag{6-1}$$

式中　　I——焊接电流（A）；

d——焊条直径（mm）。

对于横焊和立焊要比平焊减小10%～15%、仰焊减小15%～20%，其目的是减少熔化金属的外流。

（三）焊接速度的选择

焊接速度是指单位时间内完成的焊缝长度。焊接速度快能提高生产率，在能保证焊接质量的基础上，可采用较大的焊条直径、焊接电流及焊接速度，以提高焊接生产效率。

（四）电弧长度的选择

电弧长度一般根据焊条直径、焊件厚度及操作经验来确定。焊接电弧过长会造成以下焊接缺陷：

1. 电弧燃烧不稳、热量分散、金属飞溅增多；

2. 容易产生咬边、未焊透及焊缝不平整；

3. 降低了气体保护能力，容易产生气孔和夹渣。

因此，电弧长度一般控制在 2～4mm 为宜，也可用下面的经验公式计算：

$$L = (0.5 \sim 1.0)d \tag{6-2}$$

式中　　L——电弧长度（mm）；

　　　　d——焊条直径（mm）。

（五）焊接层数

当焊件厚度较大时，要进行分层施焊，其目的是提高焊缝金属的塑性保证焊缝质量。

实践证明，每层焊缝厚度约为焊条直径的 0.8～1.2 倍时，生产率较高、焊缝性能较好。所以，焊接层数可按下列经验公式计算：

$$n = \frac{\delta}{(0.8 \sim 1.2)d} \tag{6-3}$$

式中　　n——焊接层数；

　　　　δ——焊缝厚度（mm）；

　　　　d——焊条直径（mm）。

第六节　焊接接头的组织与性能

在熔化焊过程中，焊缝附近的母材受到不同程度的加热，靠近焊缝温度高，反之温度低。并且在这个温度下停留一段时间，而后又以不同的冷却速度冷却到室温，这样就造成这部分金属具有不同的组织结构和力学性能，称为热影响区。焊缝和热影响区总称为焊接接头。

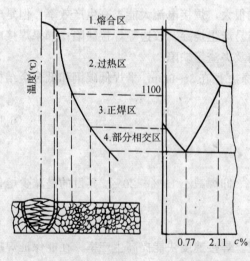

图 6-21　低碳钢焊接接头的组织变化示意图

（一）熔合区

现以低碳钢为例，说明焊接接头金属在焊接过程中的组织及性能的变化。图 6-21 是低碳钢焊接接头的组织变化示意图。

一、焊缝金属

焊缝金属的结晶是从熔池边界与固体金属相临处开始的，晶体的生长方向与传热方向相反，约垂直于熔池边界形成柱状晶体。一般情况焊缝金属的冷却速度较快、晶粒较细，又由于焊条药皮中的合金元素掺入，所以焊缝的力学性能不低于母材。

二、热影响区金属

焊缝两侧的热影响区金属，根据受热温度的不同分为熔合区、过热区、正火区及部分相变区等。

熔合区是从焊缝到母材的过渡区域，温度处于 Fe—Fe₃C 相图中固相线和液相线之间，所以该区内固、液相混合也称半熔合区。熔合区很窄，但是对焊接接头的强度、塑性影响很大，它是产生裂纹和脆断的源处。

（二）过热区

焊接时被加热到 1100℃ 以上到固相线之间称为过热区。该区加热温度超过了金属相变温度，在组织转变过程中，奥氏体晶粒急剧长大，冷却后形成粗大晶粒的过热组织，因此过热区金属的塑性和韧性都有所下降。

（三）正火区

焊接时被加热到 A_{c3}～1100℃ 之间称为正火区。该区金属在冷却时发生重结晶，使晶粒细化得到正火组织，其力学性能得到改善一般高于母材。

（四）部分相变区

焊接时被加热到 A_{c1}～A_{c3} 之间称为部分相变区。在该区域组织混杂不均，冷却后晶粒大小不一致，其力学性能稍有下降。

在热影响区中，熔合区和过热区对焊接接头性能影响最大。热影响区愈大、熔合区和过热区愈大，焊接接头性能下降就愈明显。所以，应尽可能减小热影区，提高焊接质量。采用不同的焊接方法，所产生的热影响区也不同，表 6-9 是几种常用焊接方法的热影响区尺寸。

常用焊接方法的热影响区尺寸（mm）　　　　　　　　表 6-9

焊 接 方 法	过热区	正火区	部分相变区	热影响区总宽度
手工电弧焊	2.2	1.6	2.2	6.0
埋 弧 焊	0.8～1.2	0.8～1.7	0.7	2.3～3.6
电 渣 焊	18.0	5.0	2.0	25.0
气 　 焊	21.0	4.0	2.0	27.0

第七节　常用金属材料的焊接

一、金属材料的焊接性

金属材料的焊接性是指金属材料在焊接时，能获得优质焊接接头的难易程度。它包括两个方面：一是焊接接头产生缺陷的倾向性；二是焊接接头在使用过程中的可靠性。金属材料的可焊性受材料的化学成分、焊接工艺及焊件刚度等因素的影响。

焊接材料应用最多的是碳素钢和低合金钢，影响这类钢焊接性的主要因素是本身的含碳量。随着钢中含碳量的增加，焊缝产生淬硬倾向性增加、焊接性变差。同时钢中的其它合金元素也对钢的焊接性有一定影响，因此根据这些元素对钢焊接性影响的大小，将其折合成相当于碳元素的含量，即碳当量（用 C_E 表示），并用碳当 C_E 来估算钢的可焊性。

国际焊接学会推荐的估算碳素钢及低合金钢的碳当量计算公式为

$$C_E = C + \frac{Mn}{6} + \frac{Cr + M_0 + V}{5} + \frac{Ni + Cu}{15} \tag{6-4}$$

式中元素符号表示其在钢中含量的百分数。根据经验证明：当$C_E<0.4\%$时，钢在焊接过程中淬硬倾向较小、焊接性好；$C_E=0.4\%\sim0.6\%$时，钢的淬硬倾向逐渐明显、焊接性较差；当$C_E>0.6\%$时，钢的淬硬倾向严重、焊接性极差，属于较难焊接的材料，在焊接时应采取适当的工艺措施才能得到高质量的焊接接头。

二、碳素钢的焊接

（一）低碳钢的焊接

低碳钢的含碳量小于0.25%，塑性好、淬硬倾向极小，焊接性好，是焊接结构中应用最广的材料。在一般焊接条件下，采用各种焊接方法都能获得优质的焊接接头。

（二）中、高碳钢的焊接

由于这类钢的含碳量较高，焊接时淬硬倾向较大，极容易产生裂纹，钢的焊接性较差。为了获得优质焊缝，中、高碳钢在焊接时常采用焊前预热、焊后缓冷等措施。中碳钢预热温度约为$150\sim250℃$，高碳钢预热温度约为$250\sim400℃$；焊后进行$600\sim650℃$的去应力回火处理，以消除应力、稳定组织、减少裂纹。与此同时还应当合理的选择焊条和焊接参数，例如中碳钢常采用抗裂性较强的碱性低氢型焊条；高碳钢应选用塑性好的低合金钢焊条，用直流反接法，焊接速度要慢使焊缝缓冷。

三、低合金结构钢的焊接

由于低合金结构钢的化学成分不同、性能差异较大，焊接性也有所不同。对于屈服点较低（$\sigma_S=300\sim400MPa$）的低合金结构钢，如09Mn2、16Mn、14MnV等。焊接性能近似于低碳钢，焊接性好，焊接时不用采取任何措施。对于$\sigma_S>500MPa$级的低合金结构钢，其淬硬倾向大、焊接性较差，在焊接时应采用低氢型焊条、焊前预热、焊后缓冷及去应力回火等措施。

四、铸铁的焊补

铸铁的含碳量高、组织不均匀、塑性差，焊后容易产生气孔、夹杂及裂纹等缺陷。所以，铸铁焊接性极差，只用于铸铁件缺陷的修补。

铸铁焊补常用气焊、电弧焊及钎焊等方法，分为热焊法和冷焊法两种。

热焊法是指焊补前将铸铁预到$600\sim700℃$，然后进行焊补，其目的是使铸件焊后缓慢冷却，有利于消除白口组织促进石墨化，减少应力和裂纹。

冷焊法是指铸铁焊补之前不预热或预热温度在$400℃$以下。冷焊法的特点是生产效率高、成本低、劳动条件好、应用广。但是，冷焊法容易产生白口组织及裂纹，所以常用分段退焊、每段锤击等方法减少焊接缺陷的产生。

五、有色金属的焊接

（一）铜及铜合金的焊接

铜及铜合金由于导热性好、熔点低、热膨胀系数大，因此在焊接时热量不集中、热影响区大；焊缝中容易产生氧化亚铜，造成焊接接头力学性能下降；并容易产生应力和裂纹等缺陷。

铜及铜合金一般采用气焊、手工电弧焊和氩弧焊等焊接方法，其中氩弧焊焊接质量最好，气焊应用最广。

气焊时常采用中性焰以减少氧化及气孔；选用大焊嘴快速施焊；焊后立即用锤轻击焊缝，以细化晶粒、消除内应力，从而改善接头的力学性能。焊接黄铜时为减少锌的蒸发，应采用轻微氧化焰。

铜及铜合金在焊接时使用的焊丝和焊剂，应根据焊件材料进行选择。例如，紫铜和青铜用 HS201、HS221 焊丝；黄铜用 HS224 焊丝。焊剂采用 CJ301。

（二）铝及铝合金的焊接

铝及铝合金的焊接性能极差，其主要原因是在焊接过程中，铝极容易氧化成 Al_2O_3，它熔点高（约为 2050℃）覆盖在焊件表面阻碍金属熔化，并能沉入熔池内形成夹杂；高温下的铝合金强度低，熔池金属下塌难以形成焊缝；铝及铝合金在固态向液态转变时无明显的颜色变化，温度不易控制容易烧穿。

铝及铝合金的焊接，常采用气焊、中性焰或弱碳化焰；焊前最好预热到 200～300℃；焊接过程中要加快焊接速度，减小热影响区；焊后及时清除焊缝上的熔渣及焊剂，以免引起腐蚀。

铝及铝合金常用的焊丝为 HS301，焊剂为 CJ401。

第八节 焊接的应力与变形

在焊接过程中，焊件各部位受到不同程度的加热和冷却，使得焊件各部分膨胀和收缩不均匀，而产生应力和变形，这个应力和变形称为焊接应力和变形。焊接应力和变形对焊接结构的质量及使用性能影响很大。当焊接应力过大时，会导致构件产生裂纹甚至断裂。因此，在设计和制造焊接构件时，应尽量减小焊接应力和变形。

一、焊接应力与变形产生的原因

焊接应力与变形产生的根本原因就是在焊接过程中，焊件各部位加热及冷却不均匀造成的。现以钢板对接平焊为例，来分析焊接应力与变形产生的原因。如图 6-22 所示。

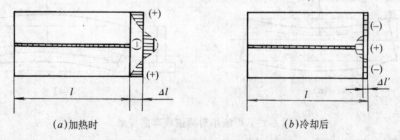

(a)加热时   (b)冷却后

图 6-22 钢板对接平焊产生的应力与变形

在焊接时整个钢板受到不同程度的加热，焊缝区的金属加热温度高，离焊缝愈远加热温度愈低。钢板加热后要产生膨胀，假设钢板能无阻碍的自由膨胀，其伸长情况如图 6-22（a）中虚线所示。而钢板是一个整体，它的膨胀是不能自由伸长的，而是相互牵制共同伸长，因此实际伸长情况如图 6-22（a）中实线所示。这样，钢板被拉伸了 Δl，使得边缘上出现拉抻应力。钢板中间被"压缩"了在实际变形线外的虚线围绕部，由此可见钢板中间的焊缝区，不仅产生了压应力，而且还产生了压缩塑性变形。

当钢板冷却时，由于中间的焊缝已经产生压缩变形，所以如果钢板假设能自由收缩，冷却后要比原来尺寸短些，如图 6-22（b）虚线所示。但是，实际钢板在收缩时受到两侧金属的牵制，因此实际收缩形状如图 6-22（b）实线所示。这样，冷却后的钢板总长度缩短了 $\Delta l'$，这个变形量称为焊接变形。同时在焊接变形的作用下，钢板两侧产生压应力，中间焊缝区因没能完全收缩，而产生拉应力。这些应力焊后残留在焊件内称为焊接应力。

二、焊接变形的基本形式

焊接变形因焊件的结构形状、刚度及焊接工艺不同，变形种类也很多。常见的焊接变形有以下几种。

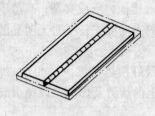

图 6-23 收缩变形

（一）收缩变形

构件焊接后，各方向尺寸缩短称为收缩变形。如图 6-23 所示。其变形量与焊缝长度及焊件厚度有关，焊缝愈长纵向收缩量愈大；焊件愈厚、坡口愈大横向收缩变形愈大。

（二）角变形

角变形是由于焊件开 V 形坡口、焊缝在构件截面形状上下不对称，焊缝收缩不均而引起的。如图 6-24 所示。

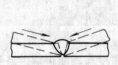 

图 6-24 几种角变形

（三）弯曲变形

弯曲变形是由于焊缝在构件上分布不对称，焊缝纵向收缩后引起构件弯曲变形。如图 6-25 所示。

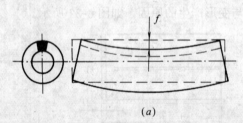 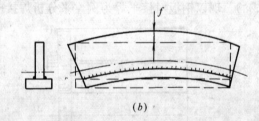

(a)　　　　　　　　　　(b)

图 6-25 焊缝不对称造成弯曲变形

（四）扭曲变形

扭曲变形主要产生于长构件，由于焊缝在构件截面上不对称或焊接顺序及焊接方向不当，引起扭曲变形。如图 6-26 所示。

（五）波浪变形

在焊接薄板构件时，由于焊缝纵向收缩对薄板边缘产生压应力，使薄板产生波浪变形。如图 6-27 所示。

三、防止或减小焊接变形的措施

防止或减小焊接变形的主要措施是，焊件结构设计要合理；焊接工艺要适当。

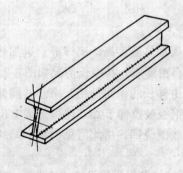

图 6-26 扭曲变形

在结构设计时，应尽可能减少焊缝数量、焊缝长度及焊缝截面积；焊缝尽量处于构件的对称位置；两个焊件形状尽可能匀称；焊件结构能便于使用夹具，以防止或减小焊接变形。

在焊接工艺方面可采用反变形法、夹固法及合理选择焊接顺序等方法。

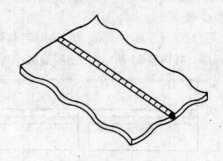

图 6-27　波浪变形

（一）反变形法

反变形法是在可预测焊接变形的反方向，焊前人为的施加一个相应变形量，焊后可以基本消除变形，如图 6-28 所示。

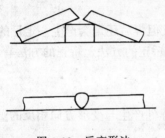

图 6-28　反变形法

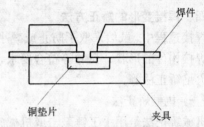

焊件

铜垫片　　　　　夹具

图 6-29　夹固法

（二）夹固法

夹固法是在焊接前用刚度较大的夹具，将焊件夹紧后再进行焊接（如图 6-29 所示），从而防止变形的产生。这种方法不适用于高碳钢及塑性较差的材料。

（三）合理选择焊接顺序

当构件的焊缝位置是对称分布时，在焊接过程中要选择适当的施焊顺序，如图 6-30 所示，这样能使焊缝在收缩时相互抵消或减弱一部分变形。

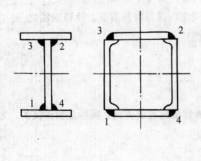

图 6-30　对称截面梁的焊接顺序

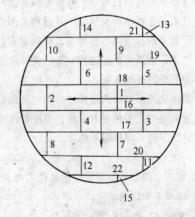

图 6-31　大型容器底部拼焊焊接顺序

对于大型容器底部钢板的拼焊，首先要焊接所有的短竖焊缝，然后焊长的横焊缝，整个焊接由中间向四周依次进行，如图 6-31 所示。这样可以使焊缝自由收缩，减小焊接应力和变形。

当焊缝长度在1mm以上时，可将焊缝全长分力若干个小段，采用不同的焊接顺序进行施焊（如图6-32所示），能明显减小焊接变形。

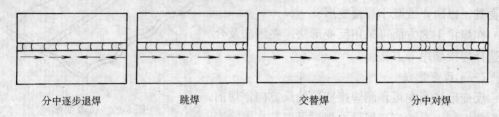

分中逐步退焊　　　　跳焊　　　　交替焊　　　　分中对焊

图6-32　长焊缝采用不同焊接顺序的焊接方法

四、焊接变形的矫正方法

焊接过程中，虽然采取了防止或减小变形的措施，但焊后还是会产生一定量的变形。为保证焊接构件的形状、尺寸等符合要求，常采用焊后矫正的方法。矫正的方法有机械矫正法和火焰矫正法等。

（一）机械矫正法

机械矫正法是用手工锤敲击或机械施加外力，使焊件产生与变形方向相反的塑性变形，把变形量矫正过来的过程。

（二）火焰加热矫正法

火焰加热矫正法是用氧乙炔焰在焊件的适当部位实行局部加热，使焊件冷却时产生与焊接变形相反方向的变形，以矫正其焊接变形。火焰加热矫正法主要用于塑性较好低碳钢和部分低合金钢。加热温度一般在 $600\sim800℃$ 之间。

习　题

1. 什么是焊接？其特点如何？

2. 简述什么是焊接电弧？焊接电弧是怎样形成的？其构造和温度分布如何？

3. 什么是正接法和反接法？其适用范围如何？为什么交流电弧焊时没有正、反极接法之分？

4. 什么是焊接电弧的稳定性？影响稳定性的因素有哪些？

5. 什么是电弧焊冶金过程？其特点如何？

6. 对弧焊机有什么要求？

7. 简述交流弧焊机的工作过程及电流的调节方法。

8. 直流弧焊机的种类有哪些？哪种是比较先进的，为弧焊机的发展方向？哪种是被淘汰的，为什么？

9. 解释下列弧焊机型号的含义。

　　BX3—330、AX1—500、ZXG—300

10. 简述由焊条的组成及药皮的作用和类型。

11. 解释下列焊条型号。

　　E4316、E5022、E6015—D₁

12. 简述如何选用焊条。

13. 焊接的接头型式有几种？当焊缝位置不同时，对焊接电流及焊条直径有什么要求？

14. 什么是焊缝符号？有哪部分组成？

15. 根据下列图样的焊缝符号说明其含义、坡口及焊缝的位置。

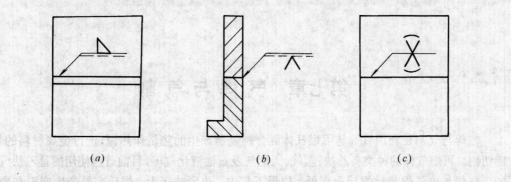

(a)　　　　　　　　　　(b)　　　　　　　　　　(c)

图 6-33

16. 简述手工电弧焊焊接工艺参数有哪些？如何选择？

17. 什么是焊接接头？为什么说"焊缝金属的力学性能不低于母材"。

18. 简述低碳钢热影响区的组织和性能。

19. 什么是金属材料的焊接性？它包括哪两个方面？

20. 怎样用碳当量来估算钢的焊接性？试估算 20CrV（其成分：C0.20%、Mn0.65%、Cr0.95%、V0.15%等）和 20Cr2Ni4（其成分：C0.20%、Mn0.45%、Cr2.0%、Ni3.65%等）的焊接性。

21. 简述碳钢的焊接性，在焊接时应采用哪些措施？

22. 为什么铸铁的焊接性差？铸铁在焊补时应采取哪些措施？

23. 防止或减小焊接变形的措施有哪些？

第七章　气焊与气割

气焊与气割是利用氧气与可燃气体混合燃烧所产生的热量作热源,进行金属材料的焊接或切割。可燃气体的种类有乙炔、氢气、天然气及石油液化气等,目前普遍使用的是乙炔气。

气焊与电弧焊相比焊接温度低、热量不集中、热影响区大,焊后容易产生变形和裂纹,生产效率较低,因此气焊不如电弧焊应用广。目前,气焊主要用于焊接薄钢板、有色金属、铸铁的焊补及硬质合金堆焊等。除此之外,还用气焊火焰进行钢的表面淬火、矫正工件变形以及在没有电源的情况下做焊接热源等。

第一节　氧乙炔焰

由氧气和乙炔气混合燃烧时产生的火焰称氧乙炔焰。其火焰温度可达 3000～3200℃。

一、乙炔

乙炔是一种碳氢化合物,其分子式为 C_2H_2。乙炔在常温常压下是一种无色、有臭味的气体,标准状态下密度为 $1.179kg/m^3$ 比空气轻。

乙炔是一种具有爆炸性的危险气体,当压力超过 0.15MPa 或温度在 300℃ 以上时,遇明火就会产生爆炸。

乙炔和铜、银长期接触则生成乙炔铜 (Cu_2C_2) 或乙炔银 (Ag_2C_2),它们在受热 (110～120℃) 或剧烈震动也会引起爆炸。因此,凡与乙炔接触的器材都不能用银和含铜量在 70% 以上的铜合金制造。

工业用乙炔是由碳化钙 (CaC_2 又称电石) 与水作用后生成的。其化学反应式为:

$$CaC_2+2H_2O=C_2H_2+Ca(OH)_2+Q \quad (约为 127×10^3 J/mol)$$

电石是由生石灰和焦炭在电炉内高温 (2000℃ 以上) 熔炼而成。

二、氧气

氧气是一种无色、无味、无毒气体,其密为 $1.429kg/m^3$ 稍重于空气,氧气不能自燃,但助燃能力较强。气焊与气割所用氧气纯度不能低于 99%。

氧气在高温情况下,遇到油脂能自燃爆炸,因此氧气瓶嘴、减压器及焊具等不得沾染油脂。

三、氧乙炔焰的构造及性质

氧乙炔焰的构造如图 7-1 所示,它由焰心、内焰和外焰三部分组成。其性质可通过调节氧气和乙炔气的混合比,获得中性焰、碳化焰及氧化焰三种不同性质的火焰。

（一）中性焰

当氧气与乙炔的混合比为 1.1～1.2 时,燃烧所形成的火焰称为中性焰。中性焰燃烧后的气体中没有过剩的氧及乙炔,在内焰处 C_2H_2 和 O_2 燃烧生成 CO 和 H_2,形成还原气氛与熔化金属作用,使氧化物还原,从而改善焊缝的性能。

中性焰最高温度在距焰心 2～4mm 处，约为 3150℃（如图 7-2），焊接时主要用内焰加热焊件。中性焰应用最广，常用于焊接低碳钢、低合金结构钢、不锈钢、紫铜及铝合金等。

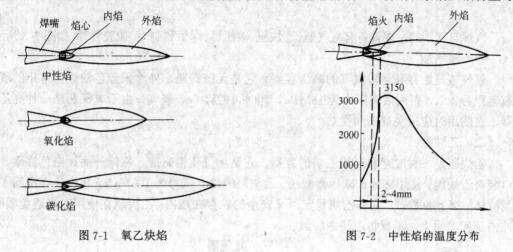

图 7-1 氧乙炔焰　　　　　　　　　图 7-2 中性焰的温度分布

（二）碳化焰

当氧气与乙炔的混合比小于 1.1 时，燃烧所形成的火焰称为碳化焰。碳化焰有过剩的乙炔，它能分解成碳和氢，碳能使焊缝的含碳量增加、塑性下降；氢使焊缝产生气孔和裂纹。因此，碳化焰只适用于高碳钢、铸铁、硬质合金及高速钢的焊接。

（三）氧化焰

当氧气与乙炔的混合比大于 1.2 时，燃烧所形成的火焰称为氧化焰。氧化焰有过剩的氧气，火焰的氧化反应剧烈，整个火焰缩短，内、外焰不清。氧化焰能使焊缝氧化和形成气孔。因此，碳化焰只适用于焊接黄铜及镀锌钢板，以防止锌在高温下蒸发。

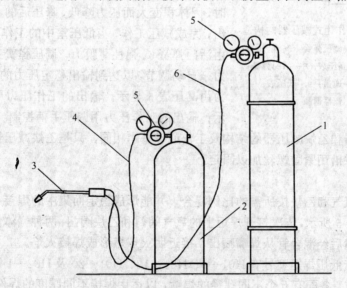

图 7-3 气焊与气割设备示意图
1—氧气瓶；2—乙炔气瓶；3—焊炬或割炬；4—乙炔管（红）；
5—减压器；6—氧气管（绿）

第二节 气焊与气割设备

气焊与气割的主要设备有氧气瓶、乙炔瓶、减压器、焊炬和割炬、橡胶管等,如图7-3所示。

一、氧气瓶

氧气瓶是贮存和运输氧气的高压容器。它是无缝钢瓶,外涂大蓝色油漆。常用的氧气瓶容积为40L,瓶内最高压力为15MPa,此时可贮存6m³氧气。由于氧气瓶是一种高压容器,在使用时应避免撞击和受热。

二、乙炔瓶

乙炔瓶是一种贮存和运输乙炔的容器。它是用优质钢制造,瓶体外面涂白色油漆。瓶口装有乙炔阀,使用夹环式减压器减压。乙炔瓶的最大压力为1.5MPa,瓶内装有浸润了丙酮液体的多孔性物质,它使乙炔稳定而又安全的贮存在瓶内。乙炔瓶在使用时要避免曝晒、冲击及远离明火,不得将乙炔瓶卧放。

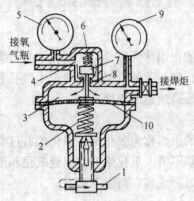

图7-4 单级反作用式减压器的构造
1—调压手柄;2—调压弹簧;3—低压室;
4—高压室;5—高压表;6—活门弹簧;
7—活门;8—通道;9—低压表;
10—弹性薄膜

三、减压器

减压器的作用是减压和稳压,是将氧气瓶和乙炔瓶内的高压气体(最高压为分别为15MPa和1.5MPa)分别降至气焊或气割所需的工作压力(氧气为0.1~0.4MPa,乙炔为0.15MPa),并保证无论瓶内压力降至何值,输出的工作压力不变。

减压器的工作原理如图7-4所示,它是一种单级反作用式减压器。工作时,旋转调压手柄1,使调压弹簧2受压顶开活门7,高压气经活门通道8进入低压室3时,因体积变大而压力降低,降压后的气体由出气口流出,完成减压工作。当低压室中的工作压力改变时,可由活门弹簧6、弹性薄膜10、调压弹簧三者之间的作用力来自动调节,以达到输出稳定压力的气流。瓶内的压力由高压表5显示,输出的工作压力可由低压表9显示;输出的工作压力用调压手柄控制。

氧气减压器和乙炔减压器的结构及工作原理基本相同,只是乙炔减压器与乙炔瓶的连接是用夹环,并借用紧固螺丝加以固定。

四、焊炬

焊炬是将氧气和乙炔按所需的比例混合,并能形成稳定而集中的焊接火焰的装置。焊炬的构造如图7-5所示,依次打开焊炬上的氧气阀门和乙炔阀门,两种气体便进入混合室内均匀地混合,然后经混合管从焊嘴喷出,接近明火点燃形成焊接火焰。

常用的国产低压焊炬型号有H01—6、H01—12、H01—20及H02—1四种,其中前三种焊炬为换嘴式,各配有五个不同孔径的焊嘴,以适用焊接不同厚度的焊件;H02—1型属于换管式焊炬。

焊炬型号的含义是:"H"表示焊炬;"01"表示换嘴式,"02"表示换管式;"1、6、12、20"表示焊接最大厚度(mm)。

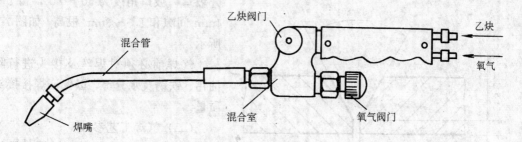

图 7-5 焊炬的构造

五、割炬

割炬与焊炬一样,也是一种将氧气和乙炔按一定比例,进行混合燃烧形成预热火焰的装置。割炬的构造和工作原理与焊炬相似,只是割炬多一个切割氧气阀门和切割氧气管(如图 7-6 所示),其作用是利用高压氧气流,氧化预热金属并吹掉而形成割缝。

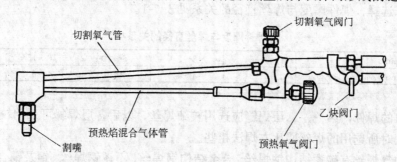

图 7-6 割炬的构造

常用的低压割炬型号有 G01—30、G01—100、G01—300 三种,其中前两种割炬每个配有三个可换割嘴,G01—300 有四个可换割嘴,可用来切割 2~300mm 厚的钢板。

割炬型号的含义是:"G"表示割炬;"01"表示射吸式;"30、100、300"表示能切割的最大厚度(mm)。

六、橡胶管

橡胶管是用来输送氧气或乙炔的。国家标准规定,氧气管为绿色或黑色,其内径为 8mm,允许工作压力为 1.5MPa;乙炔管为红色,其内径为 10mm,允许工作压力为 0.5MPa。橡胶管的长度一般在 10~15m,在使用时禁止油污及漏气,并严禁互换使用。

第三节 气焊与气割工艺

一、气焊工艺

气焊是利用氧气和可燃气体混合燃烧产生的热量,将焊件和焊丝熔化而进行的焊接方法。

(一)接头型式及焊前准备

气焊时主要采用对接接头,很少用搭接和 T 形接头,因为这些接头焊后变形较大。当焊件厚度小于 5mm 时,可以不开坡口,只留 1~4mm 间隙;当焊件厚度大于 5mm 时则需

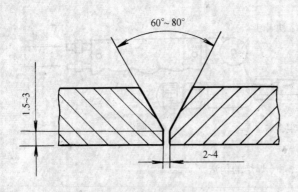

图 7-7　较厚焊件的接头形式

开坡口，坡口角度为 60°～80°，留 2～4mm 间隙和 1.5～3mm 根高，如图 7-7 所示。

气焊前必须对焊丝及接头进行除油污、铁锈及水分等，以保证焊接接头质量。

（二）气焊工艺参数

气焊工艺参数主要包括焊丝及焊剂、焊炬及焊炬倾角、焊接速度等。

1. 焊丝及焊剂

（1）焊丝　焊丝是用来充填焊缝的金属材料。一般要求焊丝的化学成及力学性能应与焊件相似；焊丝直径则根据焊件厚度和焊接方法来选择。焊件厚度与焊丝直径的关系见表 7-1。

焊件厚度与焊丝直径的关系　　　　　　　　　　表 7-1

焊件厚度（mm）	1～2	2～3	3～5	5～10	10～15	＞15
焊丝直径（mm）	1～2	2～3	3～4	3～5	4～6	6～8

开坡口的焊件，第一、二层焊缝应选用较细焊丝，以后各层焊缝可采用较粗焊丝；当采用右焊法时所选用的焊丝要比左焊法粗些。

常用的气焊丝有碳素结构钢焊丝、合金结构钢焊丝、不锈钢焊丝、铜及铜合金焊丝、铝及铝合金焊丝和铸铁气焊丝等。常用的钢焊丝代号及用途见表 7-2。

常用的钢焊丝代号及用途　　　　　　　　　　表 7-2

碳 素 结 构 钢 焊 丝		合 金 结 构 钢 焊 丝		不 锈 钢 焊 丝	
代 号	用 途	代 号	用 途	代 号	用 途
H08	焊接一般低碳钢焊件	H10Mn2 H08Mn2Si	用途与 H08Mn 相同，多用于合金钢	H00Cr19Ni9	焊接含碳量较低的不锈钢，如化工设备等
H08A	焊接较重要的低、中碳钢及某些低合金结构钢	H08Mn2M₀A	焊接低合金结构钢，如用 16Mn、15MnTi 焊接容器、锅炉、管道	H0Cr19Ni9	焊接 18-8 型不锈钢，如用 0Cr18Ni9、1Cr18Ni9 制造在强腐蚀介质中工作的设备，贮槽、容器、管道等
H08E	用途与 H08A 相同，工艺性能更好	H10Mn2M₀VA		H1Cr19Ni9	
		H08CrM₀A	焊接铬钼钢		
H08Mn	焊接较重要的碳素钢及低合金结构钢，如压力容器	H18CrM₀A	焊接结构钢，如铬钼钢、铬锰硅钢	H1Cr19Ni9Ti	
H08MnA	用途同上，但工艺性能更好	H30CrMnSiA	焊接铬锰硅钢，如用 30CrMnSi 钢制造结构、飞机起落架	H1Cr25Ni13	焊接高强度结构和耐热合金钢等，如用 15CrM₀ 制造锅炉、焊修汽轮机叶片
H15A	焊接中等强度焊件，如轴、结构支座			H1Cr25Ni20	
H15Mn	焊接高强度、高耐磨焊件	H01M₀CrA	焊接耐热合金钢		

此外，铜及铜合金焊丝的牌号为"丝2××"；铝及铝合金焊丝的牌号为"丝3××"；铸铁气焊丝的牌号为"丝401—A、丝401—B"两种。

（2）焊剂　在进行铸铁、不锈钢及有色金属气焊时，常用气焊剂作助熔剂，其作用是除去气焊时熔池中形成的氧化物和杂质，并保护熔池防止空气侵入。常用的气焊剂有不锈钢及耐热钢气焊剂、铸铁气焊剂、铜气焊剂、铝气焊剂等四种。

常用气焊剂的牌号及性能见表7-3。

常用气焊剂的牌号及性能　　　　　　　　表7-3

焊剂牌号	代号	名称	基本性能
气剂101	CJ101	不锈钢及耐热钢气焊剂	熔点为900℃，有良好的湿润作用，能防止熔化金属被氧化，焊后熔渣易清除
气剂201	CJ201	铸铁气焊剂	熔点为650℃，呈碱性反应、具有较好的潮解性。能有效地去除铸铁在气焊时所产生的硅酸盐和氧化物，有加速金属熔化的功能
气剂301	CJ301	铜气焊剂	系硼基盐类、易潮解、熔点为650℃。呈酸性反应，能有效地溶解氧化铜和氧化亚铜
气剂401	CJ401	铝气焊剂	熔点约为560℃，呈酸性反应，能有效地破坏氧化铝膜。易潮解、腐蚀性强，焊后必须清除干净

2. 焊炬及焊炬倾角

（1）焊炬的选择　根据焊件厚度、材料的熔点及导热性来选择焊炬。当焊件厚度较大、熔点高、导热性好时，应选择焊嘴孔径较大的焊炬。

（2）焊炬倾角　焊炬与焊件表面的夹角称为焊炬倾角。焊炬倾角也是根据焊件厚度和材料性质选择。当焊件厚度较大、熔点高、导热性好时，应采用较大的焊炬倾角。图7-8为焊接碳素钢时，焊炬倾角与焊件厚度的关系。

在气焊时，焊丝与焊件表面也有一定的倾角，一般为30°～40°；焊丝与焊炬中心线的夹角一般为90°～100°，如图7-9所示。

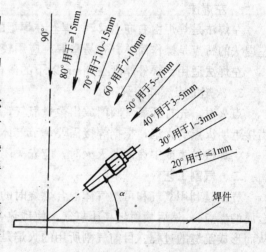

图7-8　焊炬倾角与焊件厚度的关系

3. 焊接速度

一般情况下焊件厚度大、熔点高焊接速度要慢，以免产生未焊透等缺陷；否则焊接速度要快，以免产生焊穿和过热现象。另外，焊接速度还与操作者的熟练程度、焊缝位置等因素有关。在能保证焊接质量的前提下，应尽量加快焊接速度，以提高生产效率。

（三）气焊的基本操作方法

气焊时，根据焊炬和焊丝的移动方向不同，分为右焊法和左焊法两种，如图7-10所示。

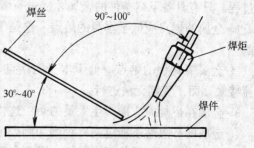

图7-9　焊丝与焊炬的位置

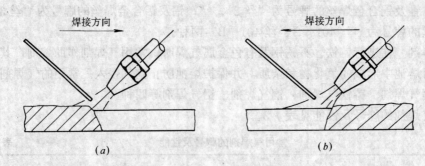

图 7-10　右焊法和左焊法示意图
(a) 右焊法；(b) 左焊法

1. 右焊法

右焊法是焊炬由左向右移动，焊丝在焊炬的后面，焊炬指向焊缝，如图 7-10a 所示。右焊法的特点是热量集中、焊接速度快、生产效率高；火焰遮盖整个熔池，能防止焊缝氧化和产生气孔；减缓了焊缝的冷却速度，能改善焊缝组织、提高焊接质量。但是，右焊法不易掌握，应用较少。

右焊法只适用于焊接厚度较大、熔点较高及导热性较好的焊件。

2. 左焊法

左焊法是焊炬由右向左移动，焊丝在焊炬的前面，焊炬指向未焊部分，如图 7-10b 所示。左焊法的特点是操作简单、容易掌握、应用较广。但是，焊容易氧化、热量利用率低。

左焊法适用于焊件厚度在 5mm 以下的薄板及低熔点材料。

3. 火焰的点燃和熄灭

点火时，先打开氧气阀门放出微量氧气，再拧开乙炔阀门放出少量乙炔气，然后将焊嘴接近明火点燃火焰，根据焊接需要调节气体混合比，从而获得不同性质的火焰。

当焊接结束或中途需要灭火时，应先关闭乙炔阀门、再关闭氧气阀门，火焰熄灭。

二、气割工艺

气割是利用氧气和可燃气体混合燃烧时的火焰，将金属的切割处预热到燃烧温度（即金属的燃点），然后喷射出高压氧气，使预热金属剧烈燃烧，并吹除燃烧后形成的氧化物，从而形成割缝的过程。目前气割所用的火焰是以氧乙炔焰为主。

（一）金属气割应具备的条件

氧乙炔焰切割金属的过程是预热、燃烧、吹渣，但是并非所有的金属材料都能满足这一过程，只有具备下列条件的金属才能进行氧乙炔焰切割。

1. 金属的燃点应低于本身的熔点　这是气割的基本条件，否则气割质量差，甚至不能气割。

2. 金属氧化物的熔点应低于本身的熔点　否则高熔点的氧化物会阻碍下层金属与氧气流接触，而使气割无法进行。

3. 金属在燃烧时应能产生大量的热　这样才能维持气割不断进行。

4. 金属的导热性不能过高　否则切割处金属热量不足，造成气割困难。

5. 金属中阻碍气割的元素要少　阻碍气割的元素有碳、铬、硅以及钨、钼等，它们的含量一定要少，否则气割不能正常进行，同时割缝还会产生裂纹等缺陷。

在金属材料中低碳钢、低碳低合金钢能满足上述要求，容易进行气割。当含碳量大于 0.7％时，其钢的燃点与熔点接近，故气割困难必须预热 400～700℃ 才能进行气割。如果含碳量超过 1.0％～1.2％ 时，一般不采用气割工艺。

铸铁、高铬钢、不锈钢、铜及铜合金、铝及铝合金等金属，在气割时产生氧化物的熔点都高于本身的熔点，所以不能用氧乙炔焰切割。再则铜、铝的导热性好，也不易进行气割。

目前，这些难于用氧乙炔焰进行切割的金属材料，可采用温度极高的等离子弧进行切割。

（二）气割工艺参数

气割工艺参数主要包括气割氧气压力、气割速度、预热火焰能率、割嘴与割件的倾斜角度、割嘴与割件表面的距离等。

1. 气割氧气压力

气割氧气压力的大小对气割质量影响较大。如果氧气压力不足、氧气供应不够，会造成金属燃烧不完全、气割速度降低、熔渣不能全部吹掉、割缝有挂渣、甚至出现未割透。如果氧气压力过高，过剩的氧气流起到冷却割缝的作用，使割口粗糙、割缝加大、氧气浪费。

气割氧气压力是根据割件厚度来确定的。当钢板厚度在 100mm 以下，其气割氧气压力可参照表 7-4 选用。

钢板气割厚度与气割速度、氧气压力的关系　　表 7-4

钢板厚度 （mm）	气割速度 （mm/min）	氧气压力 （MPa）
4	450～500	0.2
5	400～500	0.3
10	340～450	0.35
15	300～375	0.375
20	260～350	0.4
25	240～270	0.425
30	210～250	0.45
40	180～230	0.45
60	160～200	0.5
80	150～180	0.6
100	130～160	0.7

2. 气割速度

气割速度也与割件厚度有关，割件愈厚、气割速度愈慢。如果气割速度过慢，会使割缝边缘熔化、割口不齐；速度过快，后拖量加大割口粗糙或产生未割透。所谓后拖量是指割口面上切割氧气流轨迹的始点与终点在水平方向的距离。如图 7-11 所示。后拖量也就是沟纹的倾斜程度，它是判断气割速度选择正确与否的主要依据。

3. 预热火焰能率

预热火焰能率是指可燃气体每小时的消耗量。预热火焰能率与割件厚度和气割速度有关。割件愈厚、火焰能率应愈大，但火焰能率过大会使割缝上缘产生珠状钢粒、背面粘渣等气割缺陷；当采用较快气割速度时，火焰能率应大些。

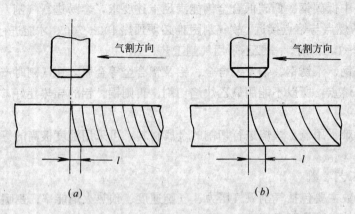

图 7-11　切割速度对后拖量的影响

(a) 速度正常；(b) 速度过大

4. 割嘴与割件的倾斜角

割嘴与割件的倾斜角，对气割速度及后拖量影响很大。割嘴倾角主要根据割件厚度而定，如图 7-12 所示，当气割 6mm 以下薄钢板时，割嘴沿气割方向后倾 5°～10°角；当气割 6-30mm 钢板时，割嘴应垂直于割件；当气割 30mm 以上厚钢板时，割嘴可沿气割方向前倾 5°～10°角。

另外，割嘴与割件两侧的夹角为 90°，如图 7-13 所示，这样割后割缝与割件平面垂直，气割质量好。

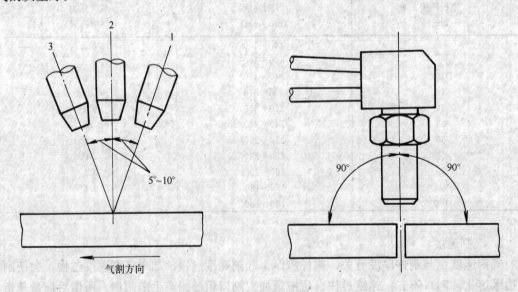

图 7-12　割嘴的倾斜角

1—割嘴沿气割方向后倾；2—割嘴垂直；
3—割嘴沿气割方向前倾

图 7-13　割嘴与割件两侧夹角

5. 割嘴与割件表面的距离

割嘴与割件表面的距离小，可以充分利用氧气流的能量，气割速度快、质量好。但是，距离过小预热的氧化物会堵塞割嘴孔造成逆火现象。割嘴与割件表面的距离一般是根据预热火焰长度和割件厚度来确定,通常情况下为 3～5mm。当割件厚度小于 20mm 时,火焰可长些、距离可适当加大,否则相反。

(三)气割的基本操作方法

1. 割前准备

在气割前必须作以下准备工作:

(1)检查割炬是否良好,要求从割炬中喷射的火焰形状整齐,氧气流应是笔直清晰的一条直线;

(2)清除割件表面的污垢、油漆及铁锈等杂物;

(3)割件下面应垫空,以便散热和排渣;

(4)根据割件厚度选择割炬、调整预热火焰及其它气割参数。

2. 气割过程

气割时,先将切割处用预热火焰加热到燃点(低碳钢约为 1350℃),然后打开切割氧气并按割线进行切割。

气割过程中,火焰焰心与割件表面要保持一定均匀的距离。

气割结束时,割嘴应略向气割方向后倾一定角度,使割缝下部先割透这样收尾割缝比较平齐。

习　题

1. 气焊与气割的热源是什么?可燃气体的种类有哪些?目前普遍使用的是哪一种?

2. 气焊与电弧焊哪一种应用更广?为什么?气焊的应用如何?

3. 什么是氧乙炔焰?其性质及应用范围如何?

4. 乙炔在什么情况下会产生爆炸?应如何防止?

5. 氧气瓶嘴为什么要严禁沾染油脂?

6. 气焊与气割的主要设备有哪些?其作用如何?

7. 割炬与焊炬在构造上有什么不同?H01—12、H02—1、G01—100 的型号含义是什么?

8. 什么是气焊?什么是气割?

9. 简述气焊工艺参数的选择。

10. 什么是右焊法?什么是左焊法?各有什么特点?

11. 说明下列焊丝用在何种材料的焊接上,相应的焊剂用哪一种?

H08A、H08Mn2M$_o$A、H0Cr19Ni9、丝 401—A

12. 金属气割应具备哪些条件?

13. 简述气割工艺参数有哪些,如何选择?

第八章 其它焊接方法

随着科学技术的发展，手工电弧焊、气焊已经不能满足高效率、高质量和高精度的焊接工艺要求。例如，工业锅炉、高压容器、大口径管道等的焊接，用一般焊接方法是难以完成的。40年代末一些新的焊接工艺陆续出现，如埋弧焊、气体保护焊、电渣焊、等离子焊、电子束焊和激光焊等，它们弥补了手工电弧焊和气焊的不足，使焊接效率和焊接质量有很大提高。

第一节 埋 弧 焊

埋弧焊又称焊剂层下的电弧焊，是指在焊接过程中，焊接电弧在具有一定颗粒所组成的焊剂下燃烧。由于焊接过程是自动或半自动完成的，所以也称埋弧自动焊。

一、埋弧自动焊的过程

埋弧自动焊的焊接过程如图8-1所示。焊接时，焊接小车5移至焊接处，焊剂9经焊剂漏斗8在接头上堆敷一层约40～60mm厚的焊剂（焊剂的作用近似于电焊条上的药皮）。送丝机构4将焊丝7经导电嘴3送至焊剂层下与焊件10接触后引燃电弧11，并在焊剂下稳定燃烧，使焊丝、焊件接头处金属及焊剂熔化形成熔池12。熔化后的焊剂形成熔渣15和气体浮在熔池上面，并在电弧区域形成一封闭空间，防止空气侵入和液体金属飞溅。熔池冷却后形成焊缝13，熔渣冷却成为渣壳14焊后将其除掉。随着焊接小车沿焊接方向移动，焊丝不断地送进并熔化，焊剂也不断地堆敷在电弧周围，使埋弧焊自动的、连续的完成下去。

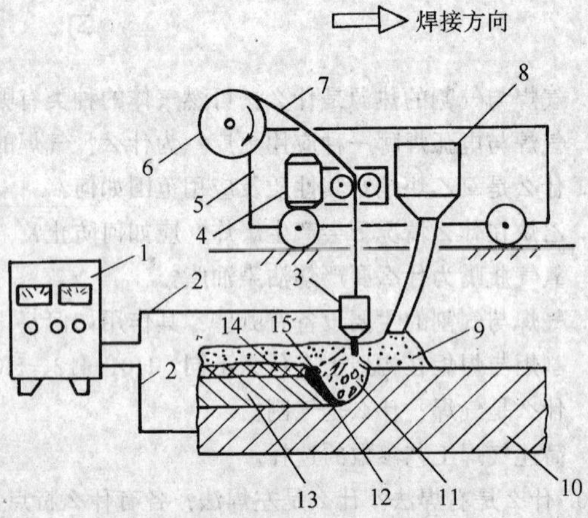

图 8-1 埋弧自动焊示意图

1—电源及控制箱；2—电缆；3—导电嘴；4—送丝机构；
5—焊接小车；6—焊丝盘；7—焊丝；8—焊剂漏斗；
9—焊剂；10—焊件；11—电弧；12—熔池；
13—焊缝；14—渣壳；15—熔渣

二、埋弧自动焊的特点及应用

埋弧自动焊与手工电弧焊相比具有以下特点：

1. **生产效率高** 埋弧焊焊接电流大（可达1000A以上）、焊接速度快、劳动强度小、生产效率高，生产效率一般为手工电弧焊的5～10倍以上。

2. **焊接质量高** 由于电弧是在焊剂下燃烧，防止了空气侵入，加上焊接参数可自动控制和调节，所以焊接质量高、焊缝成分均匀、力学性能好、表面光滑美观等。

3. 节省金属材料及电能　埋弧焊焊接电流大、热量集中、金属飞溅少，厚度在14mm以下的焊件不用开坡口一次焊透，所以节省金属及电能。

但是，埋弧自动焊也存在一些缺点，如电弧和熔池不能观察，不能及时发现焊接过程中出现的问题；焊前准备时间长；不能进行全位置焊接等。

埋弧自动焊主要应用于大批量、长焊缝的焊接，如车辆、造船、锅炉制造、高压容器、大口径管道等的焊接。

第二节　气体保护电弧焊

气体保护电弧焊是利用某种气体在电弧周围形成保护层，使电极和熔池与空气隔离，以保证焊缝质量的焊接工艺。

常用的气体保护电弧焊有氩弧焊和二氧化碳气体保护焊。

一、氩弧焊

氩弧焊是以氩气作为保护气体的一种电弧焊。

（一）氩弧焊的种类

氩弧焊按所用电极不同分为熔化电极氩弧焊和非熔化电极氩弧焊两种，如图8-2所示。

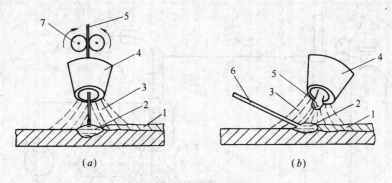

图 8-2　氩弧焊示意图

（a）熔化电极氩弧焊；（b）非熔化电极氩弧焊

1—焊缝；2—熔池；3—氩气流；4—喷嘴；5—焊丝或电极；6—焊丝；7—送丝机构

1. 熔化电极氩弧焊

熔化电极氩弧焊是利用连续送进的焊丝作为电极，焊丝与焊件之间形成电弧，并处于氩气流的保护中，焊丝和焊件接头处熔化形成焊缝。如图8-2a所示。

2. 非熔化电极氩弧焊

非熔化电极氩弧焊是用高熔点的钨棒作为电极，所以又称钨极氩弧焊。它是利用钨极和焊件间形成的电弧，并在氩气流的保护下，使焊件接头金属和填充焊丝熔化而形成焊缝。钨极本身不熔化，只起电极的作用。

（二）氩弧焊的特点及应用

氩弧焊的特点是：

1. 焊缝质量好　氩气是一种惰性气体，它不与液体金属发生化学反应，只起保护作用，所以焊缝质量好。最适用于一些焊接性较差的合金钢、有色金属的焊接。

2. 焊接应力及变形小　由于电弧是在气体压缩下燃烧、热量集中，同时气流有较强的冷却作用、热影响区小，所以焊接应力及变形小。

3. 便于操作、可进行全位置焊接　由于是明弧焊熔池和电弧便于观察，操作方便、灵活，适用于各种空间位置的焊接。

但是，氩气价格贵、焊接设备复杂，所以氩弧焊成本较高。

氩弧焊广泛应用于锅炉、造船、航空、化工设备、电子及机械制造等。

二、二氧化碳气体保护焊

二氧化碳气体保护焊是用CO_2作为保护气体，利用焊丝与焊件间产生的电弧来熔化焊丝及焊件金属的电弧焊。

（一）CO_2气体保护焊的焊接过程

CO_2气体保护焊的焊接过程如图8-3所示。焊接时，电源7的两极分别接在导电嘴8和焊件1上。焊丝4由送丝机构10带动，经送丝软管11、导电嘴不断向电弧区5送进，同时导电嘴内连续喷出CO_2气流3，保护电弧及熔池2防止空气的侵入。随着焊炬的移动，熔池冷却形成焊缝6。

CO_2气瓶15中的高压气体经减压器14减压稳压形成稳定的工作气压，再经流量计13、气体管道12送至导电嘴喷出保护气流。

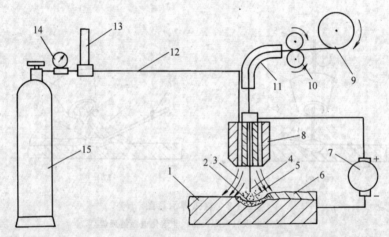

图8-3　CO_2气体保护焊焊接过程示意图

1—焊件；2—熔池；3—保护气体；4—焊丝；5—电弧；6—焊缝；7—直流电源；8—导电嘴；
9—焊丝盘；10—送丝机构；11—送丝软管；12—气体管道；13—流量计；14—减压器；15—CO_2气瓶

（二）CO_2气体保护焊的特点及应用

CO_2气体保护焊的特点是：

1. 成本低经济性好　CO_2是工业的副产品，价格便宜，气源广；而且耗电量少，所以成本较低经济性好。

2. 焊缝质量好、变形小　CO_2气体保护焊对铁锈及氧化物敏感性差，因此焊缝中不易产生气孔。同时电弧是在压缩气体下燃烧，热量集中、热影响区小，所以焊缝质量好、力学性能高、变形及裂纹小。

3. 便于操作、生产效率高　因为是明弧焊便于观察和调整，操作方便。由于焊接电流密度大、金属熔化速度快、熔池深，因此生产效率高。

但是，当使用大电流焊接时，金属飞溅较多，焊缝不平滑，要求采用直流电源；施焊时弧光强烈，不易在室外及有风处操作；不能焊接容易氧化的有色金属。

CO_2 气体保护焊主要用于低碳钢和低合金钢的焊接，如造船、车辆、容器及磨损零件的修复等。

第三节　等离子弧切割与焊接

等离子弧切割与焊接是用温度极高（15000～30000℃）的等离子弧进行切割和焊接的工艺方法。

一、等离子弧的产生。

如果把中性气体通过某种方式，给其以足够的能量，使气体完全电离成由正离子、负离子和电子组成的电离气体，就称为等离子体。

一般电弧焊所产生的电弧，在弧柱区已经形成了等离子体，只是未受到外界约束，电弧较散、热量不集中，所以称之为自由电弧。如果利用某些装置对自由电弧进行强迫压缩，得到弧柱截面较小、能量高度集中、弧柱气体全为等离子体的电弧称为等离子弧。

等离子弧产生的原理如图 8-4 所示。将等离子弧发生装置中的钨极 1 和焊件 8 之间加一较高的电压（150～400V），经高频振荡使气体电离形成电弧。当电弧通过狭小的焊炬喷嘴 6 时，弧柱被迫缩小，这个作用称为"机械压缩效应"；当电弧通过冷却的喷嘴，同时又受到高速冷却气流的冷却作用，弧柱边缘温度及电离度急剧下降，迫使带电粒子流往高温、高电离度的弧柱中心集中，使弧柱直径变小，电弧的这种收缩称为"热收缩效应"；此外，带电粒子在弧柱中的运动，可以看成是无数根平行的带电"导体"，在两根平行同向"导体"之间，由于自身磁场力的作用，相互吸引靠近使弧柱进一步收缩，这个作用称为"磁收缩效应"。在

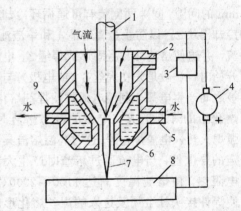

图 8-4　等离子弧发生装置原理图
1—钨极；2—进气管；3—高频振荡器；4—直流电流；
5—进水管；6—喷嘴；7—等离子弧；
8—焊件；9—出水管

以上三种效应的作用下，弧柱被压缩的很细、电弧能量极高，形成了完全电离及稳定的等离子弧。

等离子弧的特点是温度高、能量密度大，电弧挺度好、具有较强的机械冲刷力。

二、等离子弧切割

等离子弧切割是利用高温、高速的等离子弧为热源，将切割处金属局部熔化、吹掉，形成割缝。

等离子弧切割的特点是切割厚度大、速度快、生产效率高，切口窄、光滑，热影响区小、变形小等。

等离子弧可以切割任何金属和非金属材料，常用于不锈钢、高合金钢、有色金属及其它难熔材料的切割。

三、等离子弧焊接

用等离子弧作为热源进行焊接，称为等离子弧焊接。它是采用专用设备和焊炬，并通以均匀的保护气体（一般为氩气）。

等离子弧焊接的特点是，可以焊接各种难熔材料；对于厚度在2.5～8mm的钢板，可以不开坡口、不用填充焊丝，一次施焊双面成形，因此最适用于管道对焊。

等离子弧切割和等离子弧焊接，是近年来发展起来的一项先进的焊接技术，它广泛应用于化工、冶金、电子、精密仪器、航空、原子能及国防工业。如导弹壳体、电容器外壳及堆焊、喷涂耐磨合金等。

第四节　电　渣　焊

电渣焊是利用电流通过液体熔渣时，所产生的电阻热作为热源的一种熔化焊。

一、电渣焊的基本原理

电渣焊的焊接过程如图8-5所示。两个被焊工件1位于垂直位置，两接头间保持25～35mm的间隙，间隙两侧装有可通循环冷却水的冷却滑块2，以防止金属熔池4和熔渣池5外流，并迫使熔池冷却凝固形成焊缝3。电渣焊开始时，一般是先在焊丝6（或电极）与引弧板之间产生电弧，利用电弧热使焊剂熔化，当熔化后的焊剂形成一定量的液态熔渣时，电弧熄灭转入电渣焊过程。这时高温熔渣具有一定的导电性，当电流通过熔渣时产生大量的电阻热，使熔渣温度高达1700～2000℃，并使焊件接头处金属及送入的焊丝熔化形成

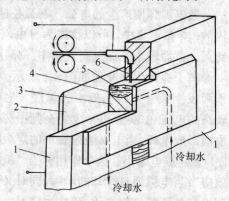

图8-5　电渣焊过程示意图
1—焊件；2—冷却滑坡；3—焊缝；
4—金属熔池；5—熔渣池；6—焊丝

熔池，熔池和熔渣池逐渐上升，冷却滑块也同时上升，下面的液态金属逐渐冷却、凝固形成焊缝。

二、电渣焊的特点及应用

电渣焊的特点是：

1. 可焊接大厚焊件　电渣焊主要用于焊接厚度大于40mm的焊件，最大厚度可达2m。对于50～200mm厚的钢板可一次焊接成功。

2. 焊缝质量好　电渣焊的熔池有熔渣保护，防止了空气侵入；金属熔池在液态下停留时间长，有利于气体和杂质的析出，不易产生气孔、夹渣等缺陷。

3. 节约材料经济性好　电渣焊不用开坡口，可节省金属、提高生产率。电渣焊的焊剂消耗及电能消耗只是埋弧自动焊的1/20～1/5及1/3～1/2。

但是，电渣焊设备复杂、操作和准备时间长；焊缝金属晶粒较粗大，焊后必须进行正火处理来改善焊缝的力学性能。

电渣焊主要用于重型机械制造上，如水轮机、水压机、轧钢机等。

第五节 电 阻 焊

电阻焊又称接触焊，是利用电流通过焊件接触处产生的电阻热，将焊件局部加热到塑性状态或熔化状态，然后施加压力而形成焊接接头的一种焊接方法。

电阻焊具有生产率高、不用填充金属和焊剂、便于实现自动化等特点。

电阻焊分为点焊、缝焊和对焊三种。如图 8-6 所示。

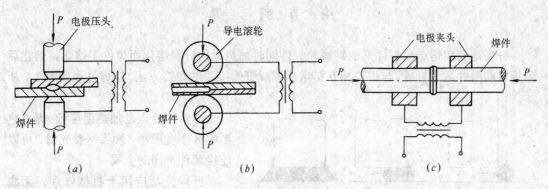

图 8-6 电阻焊示意图
(a) 点焊；(b) 缝焊；(c) 对焊

一、点焊

点焊如图 8-6a 所示。点焊时，将焊件彼此搭接放在两电极间压紧，然后通电加热使焊件接触点熔化，断电后熔化的金属在压力作用下冷却凝固形成焊点。移动焊件进行下一个焊点的焊接，这样众多焊点使焊牢固地连接在一起。

点焊主要用于厚度在 5~6mm 以下各种薄板构件的焊接，如汽车、飞机等制造业上。

二、缝焊

缝焊又称滚压焊，它是用旋转的滚轮代替点焊电极，如图 8-6b 所示。施焊时，焊件彼此搭好压在滚轮电极之间，滚轮转动并通电，焊件不停的向前移动，在两焊件接触面间形成许多连续焊点，从而获得连续紧密的焊缝。

缝焊主要用于密封薄壁容器的焊接，其厚度一般在 3mm 以下，如汽车及拖拉机油箱等焊接。

三、对焊

对焊是使截面相差不多的两个焊件在整个接触面上焊接起来的一种方法，如图 8-6c 所示。对焊分为电阻对焊和闪光对焊两种。

（一）电阻对焊

电阻对焊的过程是将两焊件装在对焊机的两个电极夹具上，对正并施加预压力使端面靠紧，然后通电。当焊件接触处在电阻热的作用下达到塑性变形状态后，切断电源并增加压力，使接触处产生一定的塑性变形形成焊接接头。

电阻对焊操作简单，但接触处容易残留氧化物夹渣，焊接质量不能保证。一般用于截面简单、直径在 20mm 以下、强度要求不高的工件。

（二）闪光对焊

闪光对焊的过程是，将两焊件夹好后接通电源，然后逐渐靠近使接头不平处点接触，在高电流密度作用下，接触点迅速熔化、蒸发、液体金属爆破，以火花形式从接触处飞出，形成闪光现象。焊件继续靠近，闪光现象连续发生，待焊件端面被加热到全部熔化时，迅速对焊件施加压力并断电，焊件在压力作用下产生塑性变形而焊接在一起。

闪光对焊具有接头强度高，可进行不同材料的焊接等特点。主要用于刀具、钢筋、管道等的焊接。

第六节 钎 焊

钎焊是利用熔点比焊件低的钎料和焊件同时加热，使钎料熔化而焊件不熔化，熔化后的钎料润湿并填满钎缝，与焊件相互扩散而形成钎焊接头的焊接方法。钎焊过程如图8-7所示。

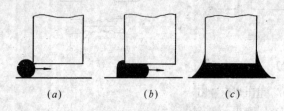

图 8-7 钎焊过程示意图

(a) 钎料加热；(b) 流入钎缝；(c) 形成接头

钎焊的特点是加热温度低、焊件热影响区小变形小，接头平整光滑，可以连接两种不同的金属。

钎焊广泛应用于机械修理、无线电、仪表、航空等领域。例如，散热器、水箱、管道、电气元件的焊接等。

钎焊根据钎料的熔点分为软钎焊和硬钎焊两种。

一、软钎焊

软钎焊使用的是熔点在450℃以下的锡铅合金和锡银合金等钎料。其接头强度为60～80MPa，它的熔点低，熔液流入钎缝能力强，焊接工艺性好，导电性好。

钎焊前，将焊件表面的油脂及氧化物等除掉，然后用加热的烙铁或炉子加热焊件、钎料及钎剂。钎剂的作用是提高钎料的浸润性和吸附能力，软钎焊常用的钎剂有氯化锌、松香等。

二、硬钎焊

硬钎焊使用的是熔点在450℃以上的铜合金和银合金等钎料。其接头强度可达490MPa，主要用于硬质合金刀头的焊接等。

硬钎焊一般用硼砂、硼酸等作钎剂；加热方法有氧乙炔焰加热、电阻加热、感应加热等。

第七节 电子束焊和激光焊

一、电子束焊

电子束焊是利用电子流在强电场的作用下，以极快的速度轰击焊件表面，由于高速运动的电子流受到焊件的阻止而被制动，使电子流的动能转化为热能，熔化焊件而进行的焊接。

电子束焊是50年代末发展起来的一种先进焊接工艺。目前发展较成熟的电子束焊是真空电子束焊，即将焊件放置真空中进行施焊，如图8-8·所示。

真空电子束焊的特点是：

1. 电子束能量密度极高，约为电弧焊的5000～10000倍，所以焊接速度快、热影响区和变形极小，焊接质量高；

2. 焊缝的深宽比大，一般可达20：1以上，而手工电弧焊的深宽比约为1：1.5，这对焊接一些不开坡口的单道焊缝十分有利；

3. 由于在真空室内进行焊接，所以焊缝金属的纯度极高、质量好。

电子束焊能完成其它焊接工艺难于焊接的工作，还可以焊接一些难熔金属或金属与非金属的焊接。所以，电子束焊目前已在机械、航空、仪表、国防等工业上广泛应用。

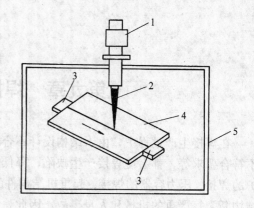

图 8-8　真空电子束焊接示意图
1—电子枪；2—电子束；3—引出板；
4—焊件；5—真空焊接室

二、激光焊

激光是一种新能源，它具有能量密度高（可达 $10^5 \sim 10^{13} \text{W/cm}^2$）、单色性好、方向性强等特点，可用于高精度金属或非金属材料的焊接、切割、打孔等加工。

激光焊是利用激光发生器所产生的单色性和方向性都非常好的激光，经聚焦后光点直径约为 $10 \mu m$、能量密度达到 10^6W/cm^2 以上，然后用这种激光束作为能源，轰击焊件所产生的热量熔化金属而进行焊接。

激光焊的特点是热量集中、热影响区极小、基本不产生变形；焊缝窄、不易氧化、焊接质量好。可用于焊接同种或异种金属，其中包括铝、铜、银、不锈钢、镍、锆、铌以及高熔点的金属钼、钨等材料；还可以焊接玻璃钢等非金属材料。

习　题

1. 什么是埋弧自动焊？它与手工电弧焊相比有什么特点？
2. 什么是气体保护焊？常用的气体保护焊有哪几种？气体保护优于埋弧的突出特点是什么？
3. 什么是等离子体？什么是等离子弧？它与电弧有什么不同？
4. 简述等离子弧产生的原理。
5. 等离子弧切割和焊接各有什么特点？
6. 什么是电渣焊？其特点如何？
7. 什么是电阻焊？其特点如何？它分为哪些种？
8. 什么是钎焊？其特点及应用如何？
9. 软钎焊与硬钎焊是怎样划分的？
10. 电子束焊是怎样进行焊接的？其特点如何？
11. 什么是激光焊？其特点如何？

第九章　焊接缺陷与检验

在焊接生产过程中，由于结构设计不合理、焊接参数选择不当、焊前准备和操作方法不符合要求等，都会使焊接产生缺陷，降低焊缝质量，甚至还会造成严重事故。例如，锅炉的焊接、压力容器的焊接、起重机结构件的焊接等，若存在着焊接缺陷，就会造成爆炸、结构断裂等严重的机械和人身事故。因此，必须对焊缝进行严格的检查，及时发现焊接缺陷，找出产生原因，以便采取相应的措施，从而保证焊接质量。

第一节　常见的焊接缺陷

常见的焊接缺陷有焊缝尺寸不符合要求、未焊透、裂纹、气孔、夹渣、焊瘤及咬边等。

一、焊缝尺寸不符合要求

焊缝外观形状高低不平、宽窄不一致，尺寸过大或过小，都属于焊缝尺寸不符合要求。这些缺陷会降低焊接质量。

产生焊缝尺寸不符合要求的主要原因是焊接电流选择不当、电流不稳、焊接速度不均匀、焊条角度及坡口角度选择不当等原因造成的。

二、未焊透

焊件金属与填充金属之间局部未熔合的现象称为未焊透，如图9-1所示。这种缺陷会引起应力集中，严重的削弱了焊接接头强度，连续的未焊透是极其危险的缺陷，因此大部分结构件是不允许存在未焊透的。

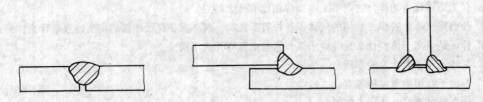

图9-1　未焊透

产生未焊透的主要原因是焊接电流太小、焊接速度太快、坡口角度过小、间隙过小及接头表面不清洁等。

三、裂纹

焊缝或热影响区内部及表面出现微小开裂称为裂纹。裂纹是焊接过程中最危险的缺陷，因为焊件在使用过程中要承受各种外力，此时裂纹迅速扩大，导致构件破坏，因此一般焊接件都不允许有裂纹存在。

裂纹产生的主要原因是焊件含碳、硫、磷量高，焊接顺序不当而造成较大的焊接应力，焊件加热或冷却速度过快，焊接结构设计不合理等。

四、气孔

气孔是指熔池中的气体在冷却前未能逸出，而留在焊缝内部或表面形成的孔穴。

气孔形成的主要原因是焊接接头不清洁；焊条潮湿或焊芯质量差，焊接电流过小、速度过快或电弧过长等。

五、夹渣

在焊缝金属内部存在着非金属夹杂物称为夹渣。它是由于焊件或填充金属不清洁，冷却速度过快熔渣来不及上浮，运条方法不当等原因造成的。

六、焊瘤

焊瘤是指焊缝边缘上存在着多余的未与焊件熔合的金属瘤，如图 9-2 所示。焊瘤产生的主要原因是焊接电流过大、电弧过长、焊接速度太慢、操作不熟练运条不当等。

七、咬边

咬边是指焊缝与焊件交界处形成凹陷的现象，如图 9-3 所示。咬边产生的主要原因是焊接电流过大，焊接速度太慢，运条方法不当，填充金属不足等。

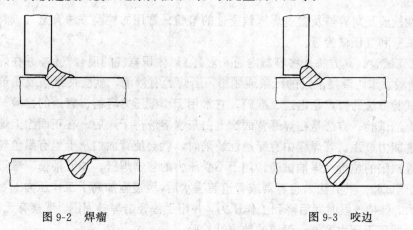

图 9-2　焊瘤　　　　　　　　　　　　　　图 9-3　咬边

第二节　焊接质量的检验

焊接检验工作一般包括焊前检验、生产检验和成品检验三个阶段。

一、焊前检验

焊前检验又称准备工作检验。它包括技术文件（图纸、工艺规程等）的检验、焊接材料的检验、焊接设备的检验、焊工操作水平的检验等。

二、生产检验

生产检验是指在焊接生产过程中的检验。它包括检查焊接设备的运行情况，及焊接规范的执行情况等。

三、成品检验

成品检验是焊接质量检验过程中的最后阶段，也是最重要的检验工作。成品检验方法分为非破坏性检验和破坏性检验两大类。

（一）非破坏性检验

非破坏性检验是指在检验过程中，对焊接接头不做任何破坏和损伤的检验。

其检验方法有外观检验、致密性检验、磁粉检验、射线检验和超声波检验等。

1. 外观检验

外观检验是用目视或借助放大镜、焊缝样板等对焊缝外观的检查。它主要用于检验焊缝尺寸是否符合要求，以及是否存在表面气孔、裂纹、未焊透、咬边等焊接缺陷。

图 9-4 是用焊缝样板对焊缝尺寸检测示意图。

焊缝样板

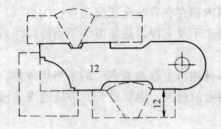

图 9-4　焊缝样板及对焊缝的检测

2. 致密性检验

致密性检验是对容器及管道焊缝致密性的检验。常用的检验方法有氨气试验、煤油试验、水压试验和气压试验等。

(1) 氨气试验　其方法是将容器内通入含有 1% 体积氨气的混合气体，并在焊缝外部贴上用 5% 硝酸汞水溶液浸泡过的纸条或绷带，若焊缝有渗漏，就会使纸条或绷带上留有黑斑。这种试验方法的特点是迅速、准确，它常用于小型压力容器、管道的检验。

(2) 煤油试验　方法是在焊缝背面涂上白灰水溶液待干燥后，在正面涂上煤油，由于煤油的渗透能力极强，若焊缝中有穿透性缺陷时，就会使背面白灰上呈有黑色斑纹，从而确定出焊缝缺陷的位置。煤油试验常用于不受压力的容器焊缝，如贮油槽、罐等容器。

(3) 水压试验　其方法是将容器或管道装满水后，缓慢施加高于工作压力 1.25~1.5 倍的试验压力，保持一段时间后降到工作压力，并用手锤轻击焊缝周围，观察有无渗漏现象。这种方法主要用于压力容器、管道的致密性检验。

图 9-5 是锅炉汽包的水压试验示意图。

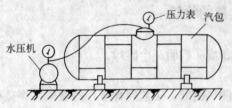

图 9-5　锅炉汽包的水压试验

(4) 气压试验　试验时，将容器或管道内通入产品技术规范规定的试验气体压力，然后关闭气阀，停止加压，用肥皂水涂至焊缝上，检查焊缝是否漏气（是否有气泡产生），并检查气压表数值是否有下降。气压试验比较危险，一般应在水压试验后进行，试验时严禁敲击和震动。这种试验方法主要用于高压气体容器和管道的检查。

3. 磁粉检验

磁粉检验又称磁力探伤。它是利用焊件磁化后，在焊缝缺陷处产生不规则磁力线这一现象来判断缺陷位置的，如图 9-6 所示。如果在焊缝表面撒上铁粉，铁粉将吸附在缺陷处，根据铁粉的形状来判断缺陷的位置及大小。

4. 射线检验

射线检验又称放射线探伤。它是利用穿透能力很强的 x 射线或 γ 射线，对焊缝进行透视探伤。其原理如图 9-7 所示，焊缝内部的缺陷对射线衰减或吸收比无缺陷处要少，因此通过的射线较强，胶片感光程度也强，这样通过冲洗后的感光胶片来判断焊缝缺陷情况。

5. 超声波检验

超声波检验是利用频率为 20000Hz 以上的超声波，在金属传播时遇到不同介质的界面，将产生反射的原理，来检验焊缝的缺陷。当超声波通过有缺陷的焊缝时，示波器荧光屏上

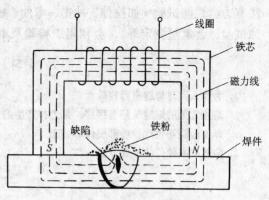

图 9-6　磁粉检验示意图

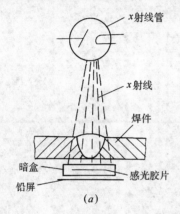
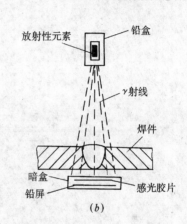

图 9-7　射线检验示意图

(a) x 射线检验；(b) γ 射线检验

则反映出异常的反射波形，如图 9-8 所示，从而判断出焊缝的缺陷类型、位置及大小。

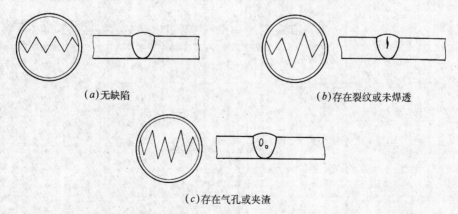

图 9-8　超声波检验示意图

（二）破坏性检验

破坏性检验是采用机械方法，对焊缝或焊接接头做破坏性检验。常用的破坏性检验方

法有力学性能试验（如拉伸、冲击、弯曲、疲劳等试验）、化学分析检验（如成分分析、腐蚀试验、含氢量测定等）、金相组织检验及工艺试验等。

习　题

1. 为什么要对焊缝进行检验？
2. 简述常见的焊缝缺陷有哪些？是怎样产生的。
3. 焊前检验和生产检验都要做哪些工作？
4. 简述成品焊件的检验方法。

第三篇　机械原理及零件

第十章　常　用　机　构

各种机械的形式、构造及用途虽然不尽相同，但它们的主要部分都是由一些机构组成。由于组成机构的构件不同，机构的运动形式也不同，所以机构的类型较多。本章只介绍两种最常用的机构，即：平面连杆机构和凸轮机构。

第一节　平　面　连　杆　机　构

一、概述

平面连杆机构是用低副（面接触的运动副）联接若干刚性构件（常称为杆）而成的机构，故又称为平面低副机构。

由于低副是面接触，单位面积所受的压力较小，且便于润滑，磨损也相应减少，因而可承受较大的载荷；两构件间的接触面为圆柱面或平面，加工简便，能获得较高的制造精度；连杆机构易于实现转动、移动等基本运动形式及其转换；连杆机构中连杆上各点轨迹形状多样，可满足各种不同的轨迹要求。因此连杆机构广泛应用于各种机械设备、仪器和仪表中。

连杆机构的主要缺点是：它一般具有较多的构件和较多的运动副，构件的尺寸误差和运动副中的间隙会影响机器的运动精度；设计连杆机构比其它机构困难、不易精确地实现较复杂的运动规律；机构中作平面运动和往复运动的构件所产生的离心力难以平衡，因而连杆机构常用于速度较低的场合。

在平面连杆机构中，结构最简单，应用最广泛的是由四个构件组成的平面四杆机构。其它多杆机构是在它的基础上扩充而成的，因此，本节着重讨论平面四杆机构的有关问题。

二、铰链四杆机构

（一）铰链四杆机构的类型和应用

如图 10-1 所示，所有运动副均为转动副的四杆机构称为铰链四杆机构，它是平面四杆机构最基本的形式，其它四杆机构都可看成是在它的基础上演化而来的。

在图 10-1 所示的机构中，构件 4 为固定不动的，称为机架。不与机架直接联接的杆 2，称为连杆，杆 1 和杆 3 称为连架杆。

如果杆 1（或杆 3）能绕铰链 A（或铰链 D）作整周的连续旋转，则此杆就称为曲柄。

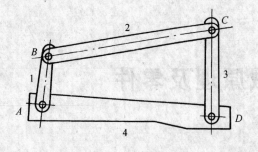

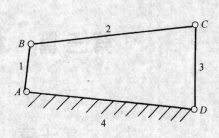

图 10-1　铰链四杆机构

如果不能作整周的连续旋转，而只能来回摇摆一个角度，则此杆就称为摇杆。

在铰链四杆机构中，根据两连架杆是否成为曲柄将机构分为三种基本形式，即：曲柄摇杆机构、双曲柄机构和双摇杆机构。

1. 曲柄摇杆机构

在铰链四杆机构中，若两连架杆之一为曲柄，另一为摇杆时，此机构称为曲柄摇杆机构（图 10-2）。它可将曲柄的转动变为摇杆的往复摆动。如图 10-3 所示为调整雷达天线俯仰角的曲柄摇杆机构，原动件曲柄 1 作整周转动，通过连杆 2 使摇杆 3 作往复摆动，从而实现调整天线仰角大小的作用。

图 10-4 所示的搅拌机则是利用连杆曲线来完成工作要求的。

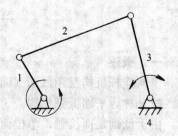

图 10-2　曲柄摇杆机构

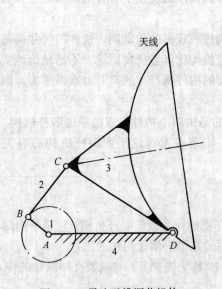

图 10-3　雷达天线调节机构

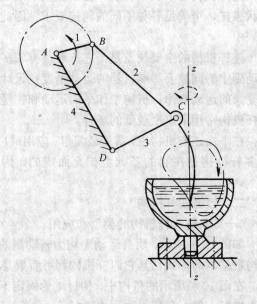

图 10-4　搅拌机

曲柄摇杆也可用来变往复摆动为整周转动。图10-5 所示的缝纫机驱动机构即是当脚踏板 3（摇杆）往复摆动时，通过杆 2 使杆 1（曲柄）作整周转动。

2. 双曲柄机构

在铰链四杆机构中，若两连架杆均为曲柄，则该机构称为双曲柄机构（图10-6）。图10-7 所示的惯性筛中的四杆机构便是双曲柄机构。当主动曲柄 1 等速转动一周时，从动曲柄 3 变速转动一周，通过杆 5 与四杆机构相连的筛子 6，则在往复移动中具有一定的加速度，使筛中的材料颗粒因惯性而达到筛分的目的。

在双曲柄机构中，当两曲柄的长度相等而且平行时（其它两杆的长度也相等），称为平行双曲柄机构，这时四根杆组成了平行四边形，

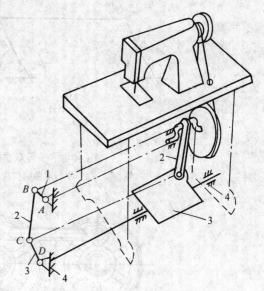

图 10-5 缝纫机

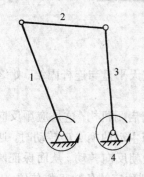

图 10-6 双曲柄机构

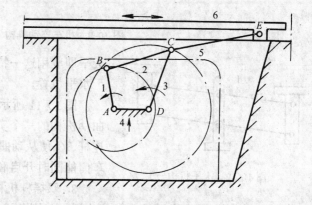

图 10-7 振动筛机构

如图 10-8（a）所示。双曲柄机构如果对边杆长度都相等，但互不平行，则称为反向双曲柄机构。如图 10-8（b）所示。平行双曲柄机构的两曲柄的旋转方向相同，角速度也相等。反向双曲柄的旋转方向相反，且角速度不等。这是双曲柄机构的另一个特点。

平行双曲柄机构在运动过程中，主动曲柄 AB（图 10-8（a））转动一周，从动曲柄 CD 将会出现两次与连杆 BC 共线的位置，这样会造成从动曲柄 CD 运动的不确定现象（即 CD 可能顺时针转，也可能逆时针转而变成反向双曲柄机构）。为避免这一现象的发生，除可利用从动曲柄本身的质量或附加一转动惯量较大的飞轮，利用其惯性作用导向外，还可用增设辅助构件等方法来解决。

图 10-9 所示为机车主动轮联动装置。它是增设了一个曲柄 EF 的构件，以防止平行双曲柄机构变为反向双曲柄机构。

平行四边形机构还具有连杆方向保持不变（始终与机架平行）的特点。图 10-10 所示的

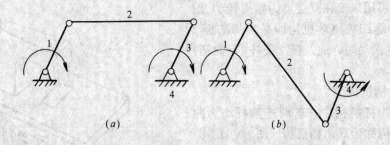

图 10-8　平行双曲柄及反向双曲柄机构

(a) 平行双曲柄机构；(b) 反向双曲柄机构

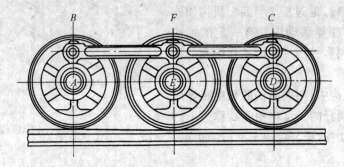

图 10-9　机车连动机构

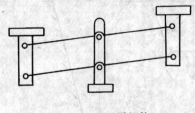

图 10-10　天平机构

天平即应用这一特点，使天平盘与连杆固结，始终处于水平位置。

　　图 10-11 所示为车门启闭机构。这是应用反向双曲柄机构的一个实例，当主动曲柄 AB 转动时，通过连杆 BC 使从动曲柄 CD 朝反向转动，从而保证两扇车门能同时开启和关闭到预定的各自工作位置。

3. 双摇杆机构

　　在铰链四杆机构中，若两连架杆均为摇杆，则此机构称为双摇杆机构（图 10-12）。

　　双摇杆机构的应用也很广泛，如图 10-13 所示的港口用起重机便是这种机构的应用。当摇杆摆动时，摇杆 3 随之摆动，连杆 2 上的 E 点（吊钩）的轨迹近似为一水平直线，这样在平移重物时可以节省动力消耗。

（二）铰链四杆机构的几个基本问题

1. 曲柄存在的条件

　　从前述可知，铰链四杆机构的三种基本型式的区别在于有无曲柄。铰链四杆机构是否存在曲柄，则与机构中各杆相对长度和哪个杆为机架有关。下面就以一个已知的曲柄摇杆机构为例，分析曲柄存在的条件。

　　在图 10-14 所示的曲柄摆杆机构中，杆 1 为曲柄，杆 2 为连杆，杆 3 为摇杆，杆 4 为机架各杆的长度分别为 a、b、c 和 d。能顺利通过与机架 4 共线的两个位置 AB' 和 AB''。当杆 1 位于 AB' 位置时，机构形成三角形 $B'C'D$。根据三角形任意两边之差必须小于或等于第三边的定理得

116

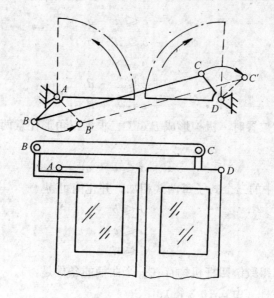

图 10-11 车门启闭机构

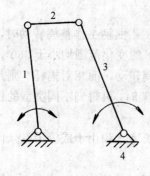

图 10-12 双摇杆机构

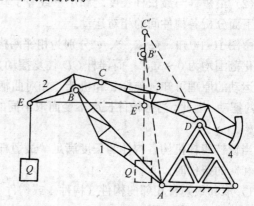

图 10-13 港口起重机

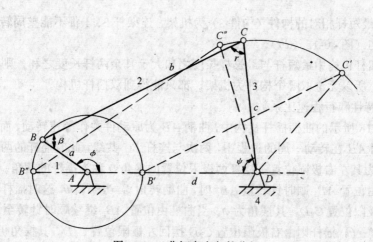

图 10-14 曲柄存在条件分析

$$b - c \leqslant d - a$$
$$c - b \leqslant d - a$$

即

$$a + b \leqslant c + d$$
$$a + c \leqslant b + d \tag{10-1}$$

当杆 1 处于 AB'' 位置时，机构形成 $B''C''D$。根据三角形任意两边之和必大于或等于第三边的定理得

$$a + d \leqslant b + c \tag{10-2}$$

将式 10-1 和式 10-2 中的三个式子每两式相加，并化简可得

$$a \leqslant b$$
$$a \leqslant c$$
$$a \leqslant d \tag{10-3}$$

由上述关系式可得铰链四杆机构存在一个曲柄的条件是：

(1) 曲柄是最短杆（由式 10-3 得）；

(2) 最短杆与最长杆长度之和小于或等于其余两杆长度之和（由式 10-1 和 10-2 得）。

下面分析各构件间的相对运动。

由图 10-14 知、ϕ、β、γ、ψ 分别为相邻两构件的夹角。当曲柄 1 作整周转动时，ϕ、β 的变化范围均为 0~360°；而摇杆 CD 往复摆动，因而 ψ、γ 的变化范围均小于 360°。根据相对运动的原理可知，连杆 2 和机架 4 相对曲柄 1 也是整周转动，而相对摇杆 3 则是小于 360° 的摆动。因此，当各构件长度不变而取不同的构件为机架时，可得到不同类型的铰链四杆机构。

当铰链四杆机构各构件的长度满足"最短杆与最长杆长度之和小于或等于其余两杆长度之和"的条件时：

1）取和最短杆相邻的构件（构件 4 或构件 2）为机架时，最短构件 1 为曲柄，则此机构为曲柄摇杆机构（图 10-15（a）、（b））；

2）取最短构件为机架，连架杆 2 和 4 均为曲柄，则此机构为双曲柄机构（图 10-15（c））；

3）取和最短杆相对的构件（构件 3）为机架，连架杆 2、4 都不能整周转动，则此机构为双摇杆机构（图 10-15（d））。

若铰链四杆机构中最短杆与最长杆长度之和大于其余两杆长度之和，则该机构中不可能存在曲柄，所以无论取哪个构件为机架，都只能得到双摇杆机构。

2. 急回特性和行程速比系数

在图 10-16 所示的曲柄摇杆机构中，曲柄 AB 为原动件并作等速转动，而摇杆 CD 作往复摆动。曲柄 AB 在转动一周的过程中，两次与连杆 BC 共线，此时摇杆的两相应位置 C_1D 和 C_2D 分别为其左右极限位置。摇杆两极限位置的夹角 ψ 称为摇杆的摆角。

当曲柄由位置 AB_1 顺时针转至 AB_2 时，曲柄转角 $\phi_1 = 180° + \theta$，这时摇杆由左极限位置 C_1D 摆至右极限位置 C_2D，其摆角为 ψ。当曲柄由位置 AB_2 继续顺时针转至 AB_1 时，其转角为 $\phi_2 = 180° - \theta$，摇杆则由右极限位置 C_2D 摆回左极限位置 C_1D，其摆角仍然是 ψ。由于 $\phi_1 > \phi_2$ 且曲柄等速转动，所以相应的转动时间 $t_1 > t_2$，故摇杆往复摆动的快慢不同。通常，我

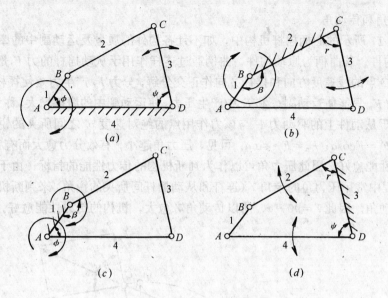

图 10-15 机架变换后机构的转化

(a)、(b) 曲柄摇杆机构；(c) 双曲柄机构；(d) 双摇杆机构

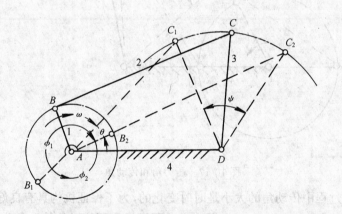

图 10-16 曲柄摇杆机构的急回特性

们以摆动慢的行程为工作行程，以摆动快的行程为空行程，这就是曲柄摇杆机构的急回特性。工程中常用这种特性缩短非生产时间，提高生产效率，例如往复式运输机，牛头刨床等。

急回特性可用行程速比系数 k 表示。设工作行程摇杆上 c 点的平均速度为 $v_1 = \widehat{c_1 c_2}/t_1$，空行程 c 点的平均速度 $v_2 = \widehat{c_1 c_2}/t_2$，则

$$k = \frac{v_2}{v_1} = \frac{\widehat{c_1 c_2}/t_2}{\widehat{c_1 c_2}/t_1} = \frac{t_1}{t_2} = \frac{\phi_1}{\phi_2} = \frac{180° + \theta}{180° - \theta} \tag{10-4}$$

式中 θ 为摇杆处于两极限位置时曲柄所夹的锐角，称为极位夹角。

由式（10-4）得

$$\theta = 180° \frac{k-1}{k+1} \tag{10-5}$$

3. 压力角和传动角

在图 10-17 所示的曲柄摇杆机构中，如不计各构件的质量及运动副中的摩擦，则连杆 BC 为二力构件。若曲柄为原动构件，曲柄通过连杆作用于从动摇杆的力 F 是沿 BC 方向的。将 F 沿 C 点的线速度方向和摇杆方向作正交分解，分力 F_t 产生力矩使摇杆摆动，称有效分力，分力 F_n 只能使运动副 C 和 D 中产生压力，使运动副中的摩擦增大，称为有害分力。我们将作用于从动件上的驱动力 F 与该力作用点的绝对速度 v_c 之间所夹的锐角 α 称为压力角。于是 $F_t = F\cos\alpha$；$F_n = F \cdot \sin\alpha$。可见，压力角越小，有效分力愈大而有害分力愈小，机构的传力性能愈好。因此压力角可以作为判断机构的传力性能的指标，由于压力角不易度量，在工程中常用压力角的余角 γ（连杆和从动摇杆间所夹的锐角）来判断机构的传力性能，称为传动角。因此 $\gamma = 90 - \alpha$，所以传动角 γ 愈大，机构的传力性能愈好。

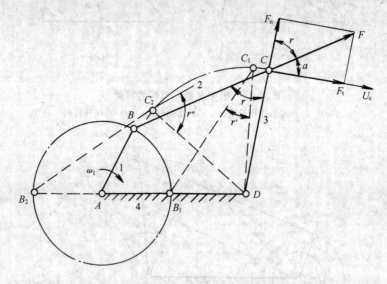

图 10-17　压力角和传动角

在机构工作过程中传动角的大小是时时变化的，为了保证机构具有良好的传力性能，工程上要求最小传动角 $\gamma_{min} \geqslant 35° \sim 50°$。图中虚线所示机构两位置的传动角分别是 γ' 和 γ''，其中较小的一个即是机构的最小传动角。

4. 死点位置

如图 10-16 所示的曲柄摇杆机构，如以 CD 为原动件而曲柄 AB 为从动构件，当摇杆摆到极限位置 C_1D 和 C_2D 时，连杆 BC 和曲柄 AB 将重叠共线和拉直共线（如图虚线位置）。这时，连杆作用于从动曲柄的力通过曲柄的转动中心 A，此时对 A 点不产生力矩，因而不能使曲柄转动。机构的这种位置称为死点位置。此时机构的传动角 $\gamma = 0°$。机构处于死点位置时，从动件或被卡死，或转向不确定。对于传动机构，设计时必须考虑机构顺利通过死点的问题。例如可利用构件的惯性作用，使机构通过死点。缝纫机在正常运转时，就是借助于飞轮的惯性，使曲柄冲过死点位置。

工程上有时也利用死点位置，提高机构工作的可靠性。例如图 10-8 所示的钻床工作夹紧装置，当工件被夹紧后，BCD 成一条直线，机构处于死点位置，所以无论工件的反力多大，夹具也不会自行松脱。

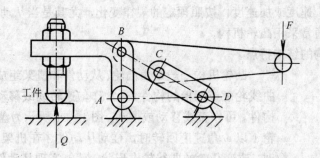

图 10-18　钻床夹具的死点

三、曲柄滑块机构

如图 10-19 (a) 所示的曲柄摇杆机构，铰链中心 C 的轨迹 mm 是以 D 为圆心，DC 为半径的圆弧。若将 D 移至无穷远处（图 10-19 (b)），C 点的轨迹变成直线，摇杆 3 演化为作直线运动的滑块，曲柄摇杆机构演化为曲柄滑块机构（图 10-19 (c)）。若 C 点的轨迹通过曲柄的转动中心 A，则称为对心曲柄滑块机构；若 C 点轨迹与曲柄转动中心存在偏距 e，则称为偏置曲柄滑块机构（图 10-19 (d)）。偏置曲柄滑块机构具有急回特性。

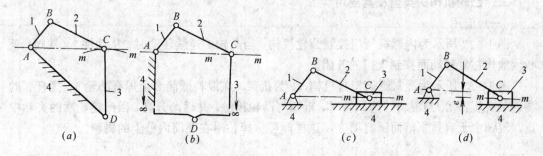

图 10-19　曲柄摇杆机构演化为曲柄滑块机构

曲柄滑块机构应用很广。当曲柄为主动件时，可将曲柄的转动转变为滑块的往复移动，因此可应用于冲床等机床中。当滑块为主动件时，可将滑块的往复移动转变为曲柄的转动，因此可用于内燃机、蒸气机等机器中。图 10-20 所示为曲柄滑块机构组成的自动送料装置。曲柄回转一周，滑块从料仓中推出一个工件。

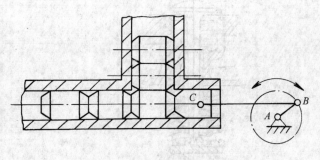

图 10-20　自动送料机构

第二节　凸轮机构

凸轮机构是机械中一种常用的机构，特别是在自动化机械中，它的应用更为广泛。要使从动件的位移、速度或加速度，按照预定的规律变化，尤其是当从动件需要按复杂的运动规律变化时，通常采用凸轮机构。

一、凸轮机构的结构特点

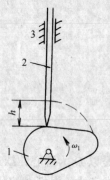

图 10-21　凸轮机构
1—凸轮；2—从动件；3—机架

凸轮机构一般是由凸轮、从动件和机架组成。凸轮是一个具有曲线轮廓或凹槽的构件，通常作匀速转动或移动；从动件常为杆状构件，可作直线移动或摆动。图 10-21 所示为盘形凸轮机构，当凸轮 1 以 ω 角速度回转时，推动从动件 2 在机架 3 的导路中往复移动。改变凸轮的曲线轮廓形状，就能实现从动件的各种运动规律。从动件由凸轮回转中心最近位置到达最远位置的过程，称为升程；反之称为回程。从动件两极限位置之间的距离 h，称为行程。

凸轮机构的优点是：只须设计适当的凸轮轮廓，便可使从动件得到预期的运动规律，而且结构简单、紧凑，设计方便，因而在各种自动机中得到广泛的应用。凸轮机构的缺点是：凸轮轮廓与从动件间为点或线接触，易于磨损，因此多用于传力不大的控制机构中。

二、凸轮机构的类型及其应用

（一）应用

图 10-22 所示为内燃机气门控制凸轮机构。当凸轮 1 连续转动时，从动件 2（气阀）就断续地作往复移动而控制气门的开闭。

图 10-23 所示为混料圆筒振打机构，1 为机架，在混料圆筒 2 上焊有凸轮 5，摆杆 3 的端部装有辊锤 4。当混料圆筒回转时，辊锤与凸轮接触，并逐渐升高，因凸轮轮廓的突然中止，辊锤由于自重下落而锤打筒壳，这样即可振掉粘附在圆筒内壁上的物料。

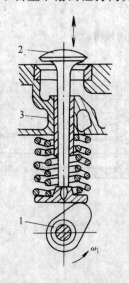

图 10-22　内燃机气门控制机构
1—凸轮；2—气阀；3—机架

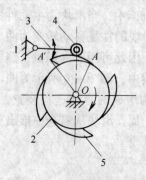

图 10-23　混料筒振打机构
1—机架；2—混料圆筒；3—摆杆；
4—辊锤；5—凸轮

图10-24 所示为车削手柄的自动进刀机构。当拖板 3 纵向移动时,凸轮 1 的曲线轮廓迫使从动件 2 带动刀架进退,从而切出工件的复杂外形。

图10-25 所示为自动上料机构。当带有凹槽的凸轮 1 转动时,通过槽中的滚子,使从动件 2 作往复移动,将毛坯从贮料器中推出,并送至所需的位置。

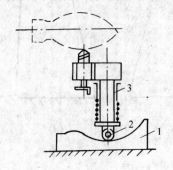 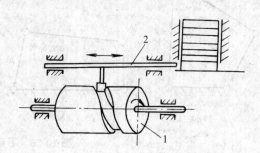

图 10-24　自动进刀机构　　　　　　　图 10-25　自动上料机构

1—凸轮；2—从动件；3—拖板　　　　　　1—凸轮；2—从动件

(二) 分类

通常是按凸轮形状和从动件的型式分类:

1. 按凸轮的形状分类

(1) 盘形凸轮　如图 10-22 和图 10-23 所示,盘形凸轮是一个绕固定轴转动并且具有变化半径的盘形构件,这种凸轮是凸轮的最基本形式。

(2) 移动凸轮　如图 10-24 所示,凸轮相对机架作直线运动。

(3) 圆柱形凸轮　如图 10-25 所示,这种凸轮是在圆柱体上开有曲线凹槽。

2. 按从动件型式分类

(1) 尖顶从动件　如图 10-21 所示,从动件的结构简单,尖顶能与复杂的凸轮轮廓保持接触,因而能实现任意预期的运动规律。但由于是点接触,磨损快,所以只适用于受力不大的低速凸轮机构。

(2) 滚子从动件　如图 10-23 和图 10-24 所示,由于是滚动摩擦,而且是线接触,所以磨损较少,能承受较大的载荷,应用广泛。

(3) 平底从动件　如图 10-22 所示,这种从动件的优点是凸轮对从动件的作用力(不计摩擦力时)始终垂直于平底,传动效率高,且接触处易形成油膜,润滑较好,磨损较少,所以常用于高速凸轮机构。显然平底从动件不能用于具有内凹轮廓的凸轮。

3. 按从动件的运动方式不同分类

(1) 移动从动件凸轮机构,如图 10-22,图 10-24,图 10-25 所示。

(2) 摆动从动件凸轮机构,如图 10-23 所示。

为了使凸轮机构工作时,从动件与凸轮始终保持接触,可利用重力(图 10-23)、弹簧力(图 10-22、图 10-24)或凸轮上的凹槽(图 10-25)来实现。

习　题

1. 何谓曲柄?何谓摇杆?铰链四杆机构的基本型式有几种?试述铰链四杆机构曲柄存在的条件。

2. 双摇杆机构的两个连架杆都不能相对机架作 360°的整周转动,因此它不具有曲柄。这是否可以说明所有的双摇杆机构各构件长度都不满足"最短杆与最长杆的长度之和小于或等于其余两杆的长度和"这一条件？

3. 根据下列图示的尺寸判断铰链四杆机构的类型。

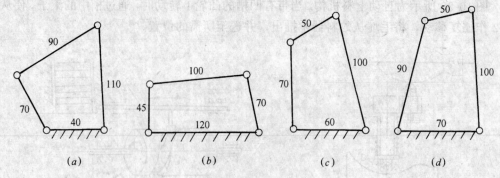

图 10-26　习题 3 图

4. 在如图所示的铰链四杆机构中，已知三个构件的尺寸分别为：$L_{BC}=50\text{mm}$，$L_{CD}=40\text{mm}$，$L_{AD}=30\text{mm}$，现要求此机构成为以 AB 为曲柄的曲柄摇杆机构，试求 L_{AB} 的取值范围。

5. 已知一偏置曲柄滑块机构的曲柄长度 $L_{AB}=20\text{mm}$，连杆长度 $L_{BC}=60\text{mm}$，偏距 $e=8\text{mm}$，试用图解法求：(1) 滑块的行程 H；(2) 曲柄为原动件时机构的行程速比系数；(3) 该机构以何构件为原动件时有死点位置？作出其死点位置。

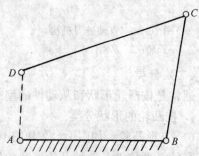

图 10-27　习题 4 图

6. 已知一曲柄摇杆机构的曲柄长度 $L_{AB}=15\text{mm}$，连杆 $L_{BC}=35\text{mm}$，摇杆长度 $L_{CD}=35\text{mm}$，机架长度 $L_{AD}=40\text{mm}$。试用图解法求：(1) 摇杆 CD 的摆角 ψ；(2) 极位夹角 θ 并计算机构的行速速比系数；(3) 该机构以何构件为原动件时有死点位置？并作出其死点位置。

7. 何谓连杆机构的"压力角"和"传动角"？作出题 7 图中所示各机构在图示位置时的压力角（画箭头的构件为原动构件）。

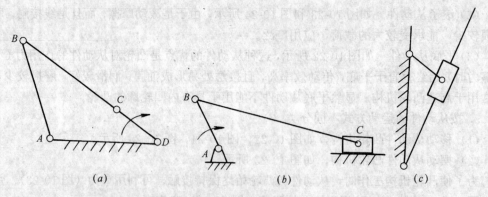

图 10-28　习题 7 图

8. 试举两个例子说明使机构脱离死点位置的方法，再举两个例子说明工程实践中如何利用死点来增加机构的工作可靠性。

9. 凸轮机构的型式有哪几种？为什么说盘形凸轮是最基本的形式？

10. 试比较尖顶、滚子和平底从动件的优缺点，并说明它们的应用场合。

第十一章 常用机械传动

机械传动是一种最基本的传动方式。一台机器通常是由一些零件（如齿轮、蜗杆、带轮、链轮等）组成各种传动装置来传递运动和动力的。

本章主要介绍几种常用机械传动的结构特点、工作原理、有关参数的计算和使用情况。其内容包括：带传动、链传动、齿轮传动、蜗轮与蜗杆传动。

第一节 机械传动的基本知识

一、机械与机械传动

（一）机械的组成

机械是机器和机构的泛称，是利用力学原理组成的，用于转换或利用机械能的装置，通常由原动机、传动机构与工作机构三部分组成。如图11-1所示的钢筋切断机，它由电动机2通过传动带及齿轮变速带动曲柄转动，曲柄通过连杆带动滑块作往复移动，装在滑块上的活动刀片8则周期性地靠近或离开装在机架上的固定刀片9，将钢筋切断。它的原动机是电动机2，工作机构是活动刀片8和固定刀片9，传动机构则由带传动机构3、齿轮传动机构4、曲柄连杆机构等组成。

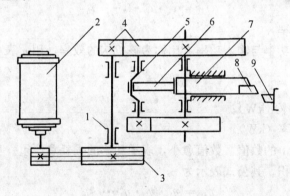

图 11-1　钢筋切断机

1—机架；2—电动机；3—带传动机构；4—齿轮传动机构；5—曲柄；

6—连杆；7—滑块；8—活动刀片；9—固定刀片

从上面的例子可以看出：机械的原动机是机械工作的动力来源，工作机构是机械直接从事工作的部分，原动机和工作机构之间的传动装置是传动机构。

（二）机构传动的作用

通过钢筋切断机的工作原理可以看出，机械传动的作用是：

1. 能够传递运动和动力

原动机的运动和动力通过传动系统分别传至各工作机构，例图11-1中传动系统将运动和动力传给活动刀片，使之切断钢筋。

2. 能改变运动方式

一般原动机的运动形式是旋转运动，通过传动系统可将旋转运动改变为工作机构所需要的运动形式，例如钢筋切断机中活动刀片的往复直线运动。

3. 能调节运动速度和方向

工作机构所需要的速度和方向往往与原动机的速度和方向不符，传动机构可将原动机的运动和速度方向调整到工作机构所需要的情况。

二、机械传动中的主要参数

机械传动中的主要传动参数一般是指：转速口、传动比 i、功率 p、效率 η 和转矩 T。

（一）转速和传动比

主动轮与从动轮转速之比称为传动比，用符号"i"表示。设主动轮的转速为 n_1，从动轮转速为 n_2，则传动比为

$$i = \frac{n_1}{n_2} \tag{11-1}$$

式中　n_1、n_2 的单位为 r/min。

传动比 i 能描述机械传动的运动情况：当 $i=1$ 时，该机构传动为等速传动；当传动比 $i>1$ 时，该传动机构为减速传动；当 $i<1$ 时该机构为增速机构。

一般的机械传动机构，在大多数情况下常采用多级传动，以获得较大的传动比。如图11-1 钢筋切断机的传动机构，就是由一级带传动和两级齿轮传动，将转速传给曲柄连杆机构的三级传动机构。在多级传动中，每一级都有一个传动比，这样就产生总传动比。总传动比等于各传动比的连乘积。即

$$i_{总} = i_1 \cdot i_2 \cdot i_3 \cdots\cdots i_n \tag{11-2}$$

（二）功率和效率

传动机构的输出功率与输入功率之比称为该机构的效率，用 n 表示。其大小为：

$$\eta = \frac{p_2}{p_1} \tag{11-3}$$

式中　p_1——输入功率（kW）；

　　　p_2——输出功率（kW）。

效率是一个小于 1 的数值，数值愈小，表示功率的损耗愈严重。传动机构的总效率等于各级传动效率的乘积，其公式表示为

$$\eta_{总} = \eta_1 \cdot \eta_2 \cdot \eta_3 \cdots\cdots \eta_n \tag{11-4}$$

（三）转矩

转矩是使传动机构产生转动的物理量，用 T 表示。转矩的大小与功率成正比，与转速成反比，其公式表示为：

$$T_1 = 9550 \frac{p_1}{n_1}$$

$$T_2 = 9550 \frac{p_2}{n_2} \tag{11-5}$$

式中　T_1——主动轮转矩（N·m）；

　　　T_2——从动轮转矩（N·m）；

p_1——主动轮功率（kW）；

p_2——从动轮功率（kW）；

n_1——主动轮转速（r/min）；

n_2——从动轮转速（r/min）；

将式（11-1）、式（11-3）代入上式，经整理得

$$T_2 = T_1 \cdot i \cdot n \tag{11-6}$$

由此可见，在减速传动机构中，转矩由主动轮传到从动轮，其数值增加近 i 倍。这样可使工作机构获得较大的工作动力。

【例 11-1】 如图 11-2 所示的电动卷扬机，已知电动机的额定功率为 4kW，满载时的转速为 960r/min，带传动的传动比 $i_1 = 3$，效率 $\eta_1 = 0.96$；蜗杆蜗轮的传动比 $i_2 = 32$，效率 $\eta_2 = 0.72$，试求：（1）传动机构的总传动比、总效率；（2）蜗轮的转速 n_3；蜗轮轴输出的功率 p_3 及转矩 T_3。

【解】 （1）总传动比、总效率

由式(11-2)得 $i_总 = i_1 \cdot i_2 = 3 \times 32 = 96$

由式(11-4)得 $\eta_总 = \eta_1 \cdot \eta_2 = 0.96 \times 0.72 = 0.69$

（2）蜗轮的转速 n_3，蜗轮轴的输出功率 p_3 及转矩 T_3。

由式(11-1)得 $n_3 = \dfrac{n_1}{i_总} = \dfrac{960}{96} = 10\text{r/min}$

由式(11-3)得 $p_3 = \eta_总 \cdot p_1 = 0.69 \times 4 = 2.76\text{kW}$

由式(11-5)得 $T_3 = 9550 \dfrac{p_3}{n_3} = 9550 \times \dfrac{2.76}{10} = 2635.8\text{N} \cdot \text{m}$

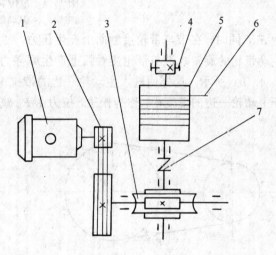

图 11-2 电动卷扬机

1—电动机；2—带轮；3—蜗杆蜗轮；4—电磁抱闸；
5—卷筒；6—钢丝绳；7—联轴器

答：传动机构总传动比为 96，总效率为 0.69，蜗轮的转速为 10r/min，输出功率为 2.76kW，转矩为 2635.8N·m。

第二节 带 传 动

一、概述

（一）带传动的工作原理

1. 带传动的组成

带传动通常由固联于主、从动轴上的主动带轮 1、从动带轮 2 和紧套在两带轮上的传动带 3 组成，如图 11-3 所示。

2. 带传动的受力分析

为使带和带轮的接触面上产生足够的摩擦力，在传动开始之前就必须以一定的拉力张

紧在带轮上，这个拉力称为带的初拉力 F_0。当带传动不工作时，带两边的初拉力相等，均

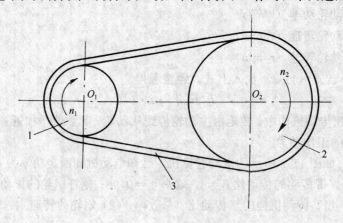

图 11-3　带传动的组成
1—主动带轮；2—从动带轮；3—传动带

为 F_0，同时，在带与带轮接触面上产生压力，如图 11-4 (a) 所示。当主动轮转动时，由于主动带轮的旋转，带与带轮接触弧上产生摩擦力 ΣF_f，两轮作用在带上的摩擦力方向如图 11-4 (b) 所示，这样使进入主动轮一边的带拉得更紧，称为紧边，拉力由 F_0 增至 F_1；离开主动轮一边的带变松，称为松边，拉力由 F_0 减至 F_2。紧边和松边拉力之差称为带传动的

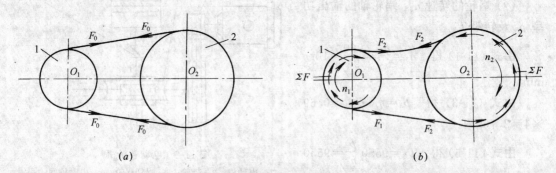

图 11-4　带传动的受力情况
(a) 带传动不工作时的受力图；(b) 带传动工作时的受力图
1—主动带轮；2—从动带轮

有效拉力 F，也就是带所传递的有效圆周力，它是带和带轮接触面上摩擦力的总和。即

$$F = F_1 - F_2 = \Sigma F_f \tag{11-7}$$

圆周力 F（N）、带速 V（m/s）和传递功率 p（kW）之间的关系为

$$p = \frac{FV}{1000} \tag{11-8}$$

设带的总长在工作中保持不变，则紧边拉力的增量等于松边拉力的减少量，即

$$F_1 - F_0 = F_0 - F_2$$

亦即

$$F_0 = \frac{1}{2}(F_1 + F_2) \tag{11-9}$$

将式（11-7）代入式（11-9）可得

128

$$F_1 = F_0 + \frac{F}{2}$$
$$F_2 = F_0 - \frac{F}{2}$$
$$\left.\right\}$$

(11-10)

3. 带传动的打滑现象

由式（11-8）可知，在带传动正常工作时，若带速 v 一定，带传递的圆周力 F 随传递功率的增大而增大，这种变化，实际上反映了带与带轮接触面间摩擦力 ΣF_f 的变化。但在一定条件下，这个摩擦力有一极限值。因此带传递的功率也有一相应的极限值。当带传递的功率超过此极限时，带与带轮将发生显著的相对滑动，这种现象称为打滑。打滑时，尽管主动轮还在转动，但带和从动轮不能正常转动，甚至完全不动，使传动失效。打滑还将造成带的严重磨损。因此，在带传动中应避免打滑现象。

4. 带传动中的弹性滑动

因为带是弹性体，所以受拉力作用后会产生弹性变形。设带的材料符合变形与应力成正比的规律，由于紧边的拉力大于松边的拉力，所以紧边的拉应变大于松边的拉应变。如

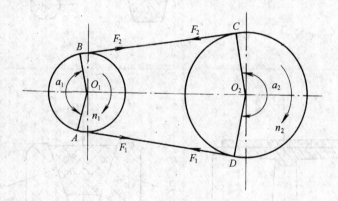

图 11-5　带传动的弹性滑动

图 11-5 所示，当带从 A 点绕上主动轮时，其线速度与主动轮的圆周速度 v_1 相等。在带由 A 点转到 B 点的过程中，带的拉伸变形量将逐渐减小，因而带沿带轮一面绕行，一面徐徐后缩，致使带的速度 v 落后于主动轮的圆周速度 v_1，带相对于主动带轮的轮缘产生了相对滑动。同理，相对滑动在从动轮上也要发生，但情况恰恰相反，带的线速度 v 将超前于从动轮的圆周速度 v_2。这种由带的弹性变形而引起的带与带轮间的滑动，称为带的弹性滑动。这是带传动正常工作时的固有特性，无法避免。

5. 带传动的传动比

由于存在弹性滑动，使从动轮的圆周速度比主动轮的圆周速度要低。一般把圆周速度相对降低量称为带传动的滑动率，用 ε 表示。即

$$\varepsilon = \frac{v_1 - v_2}{v_1} \times 100$$

(11-11)

由此得带传动的传动比为

$$i = \frac{n_1}{n_2} = \frac{d_2}{d_1(1 - \varepsilon)}$$

(11-12)

式中　n_1、n_2——主动轮和从动轮的转速（r/min）；

　　d_1、d_2——主动轮和从动轮的计算直径（mm）；

　　v_1、v_2——主动轮和从动轮的圆周速度（m/s）。

在一般计算中，因滑功率 $\varepsilon = 1\% \sim 2\%$，故可不考虑，而取传动比为

$$i = \frac{n_1}{n_2} = \frac{d_2}{d_1} \tag{11-13}$$

综上所述，带传动是以传动带为中间挠性元件的摩擦传动。带传动正常工作时，弹性滑动是其所固有的特性，不可避免。结构一定的带传动，其传动能力是有限的，若超过此限值，带传动就会发生打滑现象。实际使用时，应尽量避免带的打滑。

（二）带传动的类型

按带的剖面形状划分（图 11-6（a）），带传动的主要类型有平形带传动、V 形带传动、圆形带传动三种类型。

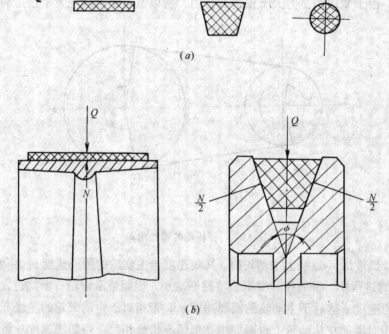

图 11-6　带传动的类型

（a）带的剖面形状；（b）传动带的工作面

如图 11-6（b）所示，平形带的工作面是与带轮接触的内表面，而 V 形带传动的工作面是与带轮槽相接触的两侧面。由于轮槽的楔形增压效应，在同样张紧的情况下，V 形带传动产生的摩擦力较大，因此传动能力比平带大得多（约为 3 倍），应用也最为广泛。圆带传动能力较小，常用于仪器和家用机械中。

（三）带传动的特点和应用

1. 带传动的特点

带传动的主要优点是：（1）适用于中心距较大的传动；（2）因为传动带具有良好的弹性，所以能缓和冲击，吸收振动；（3）过载时，带和带轮间会出现打滑，可防止机中其它

零件的损坏，起过载保护作用；（4）结构简单，制造、安装精度要求低，成本低廉。

带传动的主要缺点是：（1）传动的外廓尺寸较大；（2）带与带轮间需要较大的压力，因此对轴的压力较大，并且需要张紧装置；（3）不能保证准确的传动比；（4）带的寿命较短；（5）传动效率较低。

2. 带传动的应用

通常，带传动用于传递中、小功率。在多级传动系统中，常用于高速级。由于传动带与带轮间可能产生摩擦放电现象，所以带传动不宜用于易燃、易爆等危险场合。应用最广的 V 带适宜的带速 $v=5\sim25\text{m/s}$，因为当功率一定时，带速越低，带所受的拉力越大，所以提高带速可以有效地提高带传动的工作能力。但带速过高时，带在单位时间内的绕转次数增多，使带的寿命降低。另外带速过高会使带的离心力增大，带与带轮间的压力减小，导致带传动的工作能力下降。带传动的传动比 $i\leqslant7$，传动效率 $\eta\approx0.94\sim0.97$。

目前，平带的应用已大为减少。尽管如此，在高速（带速 $v>30\text{m/s}$）情况下，为减少带的离心力，使传动平稳可靠且具有一定的寿命，仍多采用薄而轻的整形平带。

二、三角带和带轮

（一）三角带的结构和型号

三角带已经标准化，它的横剖面结构如图 11-7 所示。图（a）所示是线绳结构，图（b）所示是帘布结构，均由包布、顶胶，抗拉体和底胶四部分组成。包布是三角带的保护层，由胶帆布制成。顶胶和底胶由橡胶制成，分别承受带弯曲时的拉伸和压缩。抗拉体是承受拉力的主体。绳芯三角带结构柔软，抗弯强度较高，帘布芯三角带抗拉强度较高。目前已采用尼龙、涤纶、玻璃纤维和化学纤维，代替棉帘布和棉线绳作为抗拉体，以提高带的承载能力。

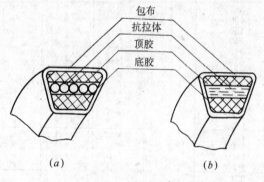

图 11-7　三角带的结构

（a）线绳结构；（b）帘布结构

根据国家标准规定，我国生产的三角带有 Y、Z、A、B、C、D、E 七种型号，各种型号胶带的剖面尺寸见表 11-1。带的剖面尺寸愈大，其传递功率的能力也就愈大。

三角胶带弯曲时，顶胶和底胶都会变形，只有两者之间的中性层长度和宽度都不变化。剖面中性层的宽度称为节宽，用 b_p 表示；与该宽度相应的带轮槽形轮廓的宽度称为轮槽基本宽度；轮槽基本宽度处的带轮直径称为带轮基准直径，用 d_d 表示；在规定的拉力下，位于带轮基准直径上的三角带的周线长度称为基准长度，用 L_d 表示。

由于三角胶带是没有接头的环形带，因此每种型号的胶带都有若干标准基准长度，各种型号三角胶带的长度系列见表 11-2。表中配组公差范围内的多根同组三角带称为配组带，使用配组带可减少各带承载的不均匀。

普通三角带的标记方法为

| 截型 | | 基准长度 | | 标准编号 |

例如基准长度为 2000mm，A 型三角胶带应标记为：A　　2000　GB11544——89
标记通常压印在三角带外表面上，供识别和选购。

截型	Y	Z	A	B	C	D	E
节宽 b_p	5.3	8.5	11.0	14.0	19.0	27.0	32.0
顶宽 b	6.0	10.0	13.0	17.0	22.0	32.0	38.0
高度 h	4.0	6.0	8.0	11.0	14.0	19.0	25.0
楔角	40°						

三角带的基准长度及配组公差　　　　　　　　　　表 11-2

基准长度 L_d	截　　型							配组公差
	Y	Z	A	B	C	D	E	
200	*							
224	*							
250	*							
280	*							
315	*							
355	*							
400	*	*						
450	*	*						
500	*	*						2
560		*						
630		*	*					
710		*	*					
800		*	*					
900		*	*	*				
1000		*	*	*				
1120		*	*	*				
1250		*	*	*				
1400		*	*	*				
1600		*	*	*				
1800			*	*	*			4
2000				*	*			
2240				*	*			
2260				*	*	*		
2800				*	*	*		8
3150			*		*	*		
3550		*			*	*		
4000					*	*		
4500					*	*	*	12
5000					*	*	*	

注：各截型三角带的基准长度用相应的标号 * 表示。

（二）带轮

三角带轮是由轮缘、轮辐和轮毂三部分构成，如图 11-8 所示。

1. 轮缘　轮缘上有带槽，它是与胶带直接接触的部分，槽数与槽的尺寸应与所选三角胶带的根数和型号相对应。三角带轮轮缘尺寸见表 11-3。

2. 轮毂　轮毂的结构见图 11-8。有时为了保证带轮在轴上有固定位置，在轮毂上装有紧定螺钉，一般轮毂孔内有键槽，以便用键将带轮和轴连接在一起。

3. 轮辐　带轮采用轮辐结构是为了减轻重量。当带轮直径很小时，只能做成实心轮（图 11-8（a））；中等直径的带轮一般采用辐板结构（图 11-8（b））；直径大于 300mm 的带轮常采用轮辐结构（图 11-8（c））。

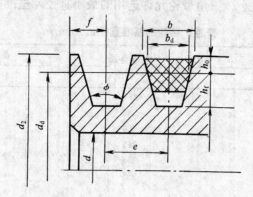

槽型		Y	Z	A	B	C	E	F
b_d		5.3	8.5	11	14	19	27	32
b		6.3	10.1	13.2	17.2	23	32.7	38.7
h_a		1.6	2	2.75	3.5	4.8	8.1	9.6
h_{fmin}		4.7	7.0	8.7	10.8	4.3	19.9	23.4
e		8 ± 0.3	12 ± 0.3	15 ± 0.3	19 ± 0.4	25.5 ± 0.5	37 ± 0.6	45 ± 0.7
f		7 ± 1	8 ± 1	10^{+2}_{-1}	12.5^{+2}_{-1}	17^{+2}_{-1}	23^{+3}_{-1}	29^{+4}_{-1}
d_a					$d_a = d_d + 2h_a$			
ϕ	32° 对应的值	≤60						
	34°		≤80	≤118	≤190	≤315		
	36°	>60					≤475	≤600
	38°		>80	>118	>190	>315	>475	>600

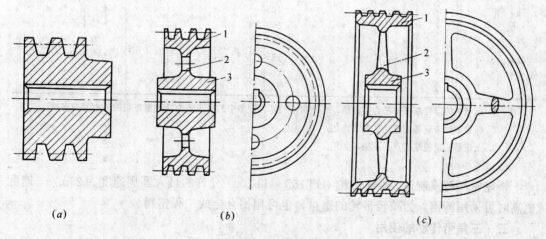

图 11-8　带轮

（a）实心轮；（b）辐板结构；（c）轮辐结构

1—轮缘；2—轮辐；3—轮毂

在确定三角带轮的结构和几何尺寸时，应考虑胶带的工作寿命，当胶带绕经带轮时，会产生弯曲应力。实践证明，带轮的直径愈小，胶带弯曲应力愈大。为保证胶带的工作寿命，小带轮的直径不宜选得过小，三角带轮允许选用的最小直径，基准直径系列见表11-4。

普通 V 带轮的基准直径 d_d（mm）   表 11-4

基准直径公称值	Y	Z	A	B	C	基准直径公称值	Z	A	B	C	D	E
28	*					265				+		
31.5	*					280	*	*	*	*		
35.5	*					300				*		
40	*					315	*	*	*			
45	*					335				+		
50	*	*				355	*	*	*	*	*	
56	*	*				375					+	
63	*	*				400	*	*	*	*	*	
71	*	*				425					*	
75		*	*			450			*	*	*	
80		*	*			475					+	
85			+			500	*	*	*	*	*	*
90	*	*	*			530				*	*	
95			+			560	*	*	*	*	*	*
100	*	*	*			600			+	*	+	*
106			+			630	*	*	*	*	*	*
112	*	*	*			670				*	*	*
118			+			710			*	*	*	*
125	*	*	*	*		750			+	*	*	*
132			+	+		800		*		*	*	*
140		*	*	*		900			+	*	*	*
150		*	*	*		1000				*	*	*
160		*	*	*		1060					*	*
170			+	+		1120			*	*	*	*
180		*	*	*		1250				*	*	*
200					*	1400					*	*
210						1500				*	*	*
224		*	*	*	*	1600				*	*	*
236					*	1800					*	*
250		*	*	*	*	2000				*	*	*

注：1. 标号 * 的带轮基准直径为推荐值，它所对应的每种截型中的最小值为该截型带轮的最小基准直径；

    2. 标号 + 的带轮基准直径尽量不选用；

    3. 无记号的带轮基准直径不推荐选用。

带轮常用铸铁制造，铸铁带轮（HT150、HT200）允许的最大圆周速度为 25m/s。速度更高时可采用铸钢。为减轻带轮的重量，也可用铝合金或工程塑料。

三、三角带传动的使用

（一）带与带轮的安装

1. 带轮的安装

在安装带轮时，要保证两轮的中心平行，其端面与轴的中心线垂直。主、从动轮的轮槽必须在同一平面，带轮安装在轴上不能晃动。

2. 胶带的安装

胶带安装时，胶带应有合适的张紧力，在中等中心距的情况下，用大拇指按下1.5cm即可，如图11-9所示。同组传动带，应选用配组带，使用配组带可减少各带的承载不均匀。胶带的型号和基准长度不能搞错。若胶带型号大于轮槽型号，会使胶带高出轮槽（图11-10（a）），使接触面减少，降低传动能力；若小于轮槽型号，将使胶带底面与轮槽底面接触（图11-10（b）），从而失去三角胶带传动能力大的优点。只有当胶带型号与轮槽型号相适应

图11-9 三角带的张紧程度

时，三角带的工作面与轮槽的工作面才能充分接触，如图11-10（c）所示。

图11-10 三角带在轮槽中的位置
(a) 错误；(b) 错误；(c) 正确

（二）带传动的使用和维护

为了延长带的使用寿命，保证传动的正常运行，必须重视对三角带传动的正确使用和维护保养。具体要求有以下几点：

1. 带传动一般需装防护罩，以保安全。

2. 需要更换三角带时，同一组的传动带应同时更换，不能新旧并用，以免长短不一造成受力不均。

3. 胶带不宜与酸、碱、油接触；工作温度不宜超过60°。

4. 三角带工作一段时间后，必须重新张紧，调整带的初拉力。

（三）三角带的张紧装置

三角带不是完全的弹性体，在使用一段时间后会产生残余拉伸变形，使带的初拉力降低。为了保证带的传动能力，应设法把带重新张紧，常见的张紧装置有以下几种：

1. 通过调整中心距的方法使带张紧

如图11-11（a）所示，用调节螺钉1使装有带轮的电动机沿滑轨2移动；或用螺杆及调节螺母1使电动机绕轴2摆动（图11-11（b））。

2. 用张紧轮张紧

若传动中心距不能调节，可采用张紧轮装置（图11-11（c））。它靠悬重1将张紧轮2压在带上，以保持带的张紧。通常张紧轮装在从动边外侧靠近小带轮处，以增大小带轮的包角。

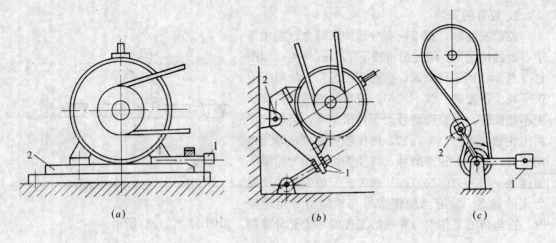

图 11-11　带传动的张紧装置

第三节　链　传　动

一、链传动的特点及应用

（一）链传动的传动原理

链传动的传动原理如图 11-12 所示。它是由主动链轮 1、从动链轮 3 和链条 2 组成。链轮上具有轮齿，依靠链轮轮齿与链节的啮合来传递运动和动力。所以链传动是一种具有中间挠性元件的啮合传动。

设在某链传动中，主动链轮的齿数为 z_1，从动链轮的齿数为 z_2，主动链轮每转过一个齿，链条就移动一个链节，而从动链轮也就被链条带动转过一个齿。若主动链轮转过 n_1 转时，其转过的齿数为 $z_1 \cdot n_1$，而从动链轮跟着转过 n_2 转，则转过的齿数为 $z_2 \cdot n_2$。显然两

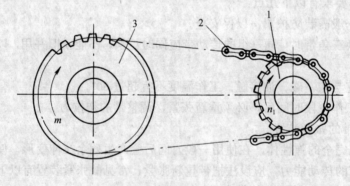

图 11-12　链传动
1—主动链轮；2—链条；3—从动链轮

轮转过的齿数应相等。即

$$z_1 \cdot n_1 = z_2 \cdot n_2$$

所以链传动的平均传动比为

$$i = \frac{n_1}{n_2} = \frac{z_2}{z_1} \qquad (11-14)$$

式中（11-14）说明，链传动的传动比，就是主动链轮的转速 n_1 与从动链轮转速 n_2 之比，也等于两链轮齿数 z_1、z_2 的反比。

（二）链传动的传动特点

1. 链传动的优点

链传动和带传动同样可用于中心距较大的传动，但由于它是啮合传动，与带传动相比，有如下优点：

（1）链传动由于是啮合传动，能传递较大的圆周力，而且两链轮的平均传动比恒定；

（2）链条张紧力小，作用于轴上的压力也较小，故链传动能够在低速重载条件下使用；

（3）链传动的效率较高，效率通常为 0.92～0.98；

（4）链传动可在工作条件恶劣，温度变化很大（如高温，灰尘多、淋水等）的场合工作。

2. 链传动的缺点

链传动与带传动相比，它的缺点是：

（1）只能用于平行轴间传递运动和动力；

（2）高速运转时不如带传动平稳，工作噪音大；

（3）制造和安装精度比带传动高；

（4）无过载保护作用。

（三）链传动的应用

链传动主要用于要求工作可靠，两轴相距较远，工作条件恶劣的场合，例如用于矿山机械、农业机械、石油机械、机床及摩托车中。

目前，链传动的功率 $p \leqslant 100\text{kW}$；链速 $v \leqslant 15\text{m/s}$；传动比 $i \leqslant 8$；中心距 $a \leqslant 5～6\text{m}$。按用途不同，链可分为：传动链、起重链和曳引链。一般机械中常用传动链，而起重链和曳引链常用于起重机械和运输机械中。

传动链有滚子链和齿形链，以滚子链最为常用。本节主要讨论滚子链。

二、滚子链的结构及规格

（一）滚子链的结构

滚子链由内链板 1、外链板 2、销轴 3、套筒 4 和滚子 5 组成，如图 11-13 所示。内链板与套筒，外链板与销轴均为过盈配合，而套筒与销轴为间隙配合，这样就形成一个铰链。当内外链板相对挠曲时，套筒可绕销轴自由转动。套筒与滚子间也为间隙配合，工作时滚子沿链轮的轮齿滚动，可以减轻链轮齿廓的磨损。内、外链板均制成"8"字形，以保证链板各横截面抗拉强度大致相等，并减轻链条的重量。

链条的各零件由碳素钢或合金钢制成并经热处理，以提高其强度和耐磨性。

相邻两滚子中间的距离称为链条的节距，用 p 表示。它是链条的主要参数，节距越大，链条各零件的尺寸也越大，链条所能传递的功率越大。

当传递较大功率时可采用双排链（如图 11-14）或多排链，p_t 为排距。为避免各排链受载不均，排数不宜过多，常用双排链或三排链，四排以上的少用。

（二）滚子链的接头型式

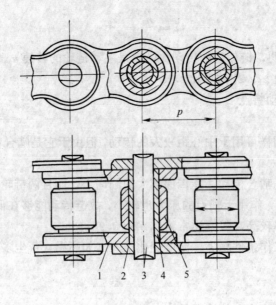

图 11-13　滚子链

1—内链板；2—外链板；3—销轴；4—套筒；5—滚子

　　滚子链的接头型式如图 11-15 所示。当链条节数为偶数时，链条联接成环时正好是外链板与内链板相接，再用开口销（11-15（a））或弹簧夹（图 11-15（b））锁住销轴。当链条为奇数时，则采用过渡链节（图 11-15（c）），过渡链节受拉时，还要承受附加弯曲载荷，应尽量避免采用。

　　（三）滚子链的规格

　　滚子链已标准化，分为 A、B 两种系列，常用 A 系列。表 11-5 列出了滚子链的主要参数和极限拉伸载荷。链号数乘以 25.4/16mm，即为链条的节距值。

　　滚子链的标记为：

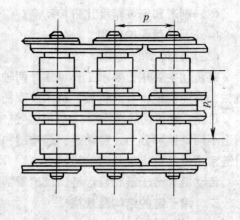

图 11-14　双排滚子链

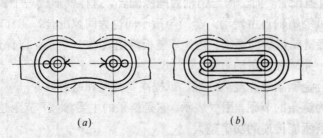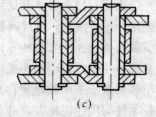

图 11-15　滚子链的接头方式

(a) 开口销；(b) 弹簧夹；(c) 过渡链节

链号—排数×整链链节数　　标准编号

138

A 系列滚子链主要参数 表 11-5

链号	节距 p (mm)	排距 p_t (mm)	滚子外径 d_1 (mm)	极限载荷 Q（单排） (N)	每米长质量 q （单排） (kg/m)
08A	12.70	14.38	7.95	13800	0.60
10A	15.875	18.11	10.16	21800	1.00
12A	19.05	22.78	11.91	31100	1.50
16A	25.4	29.29	15.88	55600	2.60
20A	31.75	35.76	19.05	86700	3.80
24A	38.10	45.44	22.23	124600	5.60
28A	44.45	48.87	25.40	169000	7.50
32A	50.80	58.55	28.58	222400	10.10

例如"08A—1×88 GB1243.1—83"表示：A 系列、节距 12.70mm、单排、88 节的滚子链。

三、链传动的布置

在链传动中，两链轮的转动平面应在同一平面上，两轴线必须平行，最好成水平布置，如图 11-16（a）所示。如需倾斜布置时，两链轮中心连线与水平线的夹角 α 应小于 45°，如图 11-16（b）所示。另外，链传动应使紧边在上，松边在下。这样可以避免由于松边的下垂使链条与链轮发生干涉或卡死。

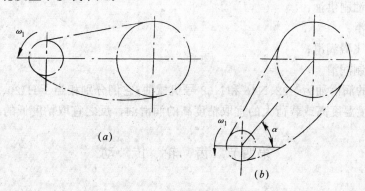

图 11-16 链传动的布置
(a) 水平布置；(b) 倾斜布置

链传动张紧的目的，主要是避免链条的垂度过大造成啮合不良及链条的振动，同时也为了增大链条与链轮的啮合包角。当两轮轴心连线与水平面的倾斜角大于 60°时，通常需设张紧装置。

张紧的方法很多。当传动中心距可调整时，可通过调整中心距控制张紧程度；当中心不能调整时，可设张紧轮（图 11-17）或在链条磨损伸长后从中取掉 1～2 个链节。张紧轮可自动张紧（图 11-17（a）、(b)）或定期调整。（图 11-17（c)）。

润滑对链传动影响很大，良好的润滑将减少磨损，缓和冲击，提高承载能力，延长链及链轮的使用寿命。常用的润滑方式有：

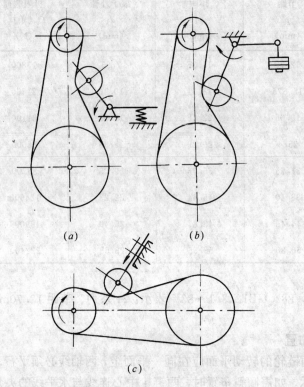

图 11-17　链传动的张紧装置

(a)(b) 自动张紧装置；(c) 定期调整装置

1. 油壶或油刷供油；

2. 滴油润滑；

3. 油浴或飞溅润滑；

4. 油泵强制润滑。

推荐采用的润滑油为 N32、N46 和 N68 号机械油，它们分别相当于 HJ20、HJ30 和 HJ40 号机械油。环境温度高或载荷大的宜取粘度高的润滑油，反之宜取粘度低的。

第四节　齿　轮　传　动

一、概述

(一) 齿轮传动的特点

齿轮传动是利用两齿轮轮齿之间的啮合来传递两轴之间的运动和动力的。它是目前机械传动中应用最广泛的一种传动装置。齿轮传动之所以能得到广泛的应用，是因为它具有较多的优点。

1. 适用的圆周速度范围和功率范围广（速度可达 300m/s，功率可达 10 万 kW）；

2. 传动效率高，一般为 0.97～0.99；

3. 传动平稳，常用的渐开线齿轮的瞬时传动比为常数；

4. 结构紧凑，寿命长，工作可靠；

5. 可实现任意两轴之间的传动。

齿轮传动的主要缺点是制造和安装精度要求高，因而成本较高；不适用于远距离间的传动。

（二）齿轮传动的类型

1. 按齿轮两轴的相对位置和齿向分类

（1）两轴平行的齿轮传动，又可称为平面齿轮传动或圆柱齿轮传动。按齿向又可分为直齿圆柱齿轮传动，其中包括外啮合、内啮合及齿条啮合（分别如图11-18（a）、（b）、（c）所示）；斜齿圆柱齿轮传动（图11-18（d））及人字圆柱齿轮传动（图11-18（e））等。

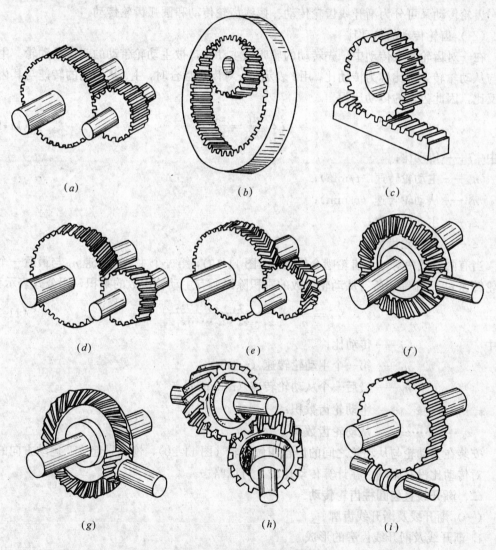

图 11-18　齿轮机构的类型

（a）直齿圆柱齿轮外啮合；（b）直齿圆柱齿轮内啮合；（c）直齿圆柱齿轮齿条啮合；

（d）斜齿圆柱齿轮；（e）人字圆柱齿轮；（f）直齿圆锥齿轮；（g）曲齿圆锥齿轮；

（h）螺旋齿轮；（i）蜗杆蜗轮传动

（2）两轴线不平行的齿轮传动，又可称为空间齿轮传动。两轮轴线相交的，有直齿圆锥齿轮和曲齿圆锥齿轮传动（分别如图 11-18 (f)、(g) 所示）；两轴交错的，有交错轴斜齿轮（螺旋齿轮）和蜗杆蜗轮传动（分别如图 11-18 (h)、(i)）。

2. 按齿轮传动是否封闭分类

（1）开式齿轮传动　开式传动的齿轮外露于空间，或装有简单的防护罩，它不能保证良好的润滑，而且工作时易受尘土的沾污，故轮齿表面容易磨损，只宜用于低速传动。

（2）闭式齿轮传动　闭式传动的齿轮封闭在刚性很大的箱体内，因而能保证良好的润滑和工作条件。重要的齿轮传动都采用闭式传动。

3. 按齿轮的轮廓曲线分类

齿轮传动又可分为渐开线齿轮传动、摆线齿轮传动和圆弧齿轮传动。

（三）齿轮传动的传动比

在一对齿轮啮合传动中，先转动的轮叫做主动轮，被主动轮带动的叫做从动轮。主动轮与从动轮转速之比称为传动比，用 i 表示。一对齿轮啮合时，主、从动轮的转速与其齿数成反比，因此齿轮的传动比为

$$i = \frac{n_1}{n_2} = \frac{z_1}{z_2} \tag{11-15}$$

式中　i——传动比；

　　　n_1——主动轮转速 (r/min)；

　　　n_2——从动轮转速 (r/min)；

　　　z_1——主动轮齿数；

　　　z_2——从动轮齿数。

当有两对或两对以上齿轮啮合传动时（图 11-19），第一个主动轮转速 n_1 与最后一个从动轮转速 n_L 之比等于所有从动轮齿数的乘积除以所有主动轮齿数的乘积，用公式表示为

$$i = \frac{n_1}{n_L} = \frac{z_2 \cdot z_4 \cdot z_6 \cdots z_L}{z_1 \cdot z_3 \cdot z_5 \cdots z_{L-1}} \tag{11-16}$$

式中　　　　　i——传动比；

　　　　　n_1——第一个主动轮转速 (r/min)；

　　　　　n_L——最后一个从动轮转速 (r/min)；

　　$z_1 \cdot z_3 \cdots z_{L-1}$——主动轮齿数积；

　　$z_2 \cdot z_4 \cdots z_L$——从动轮齿数积。

安装在主动轮与从动轮之间的齿轮叫做惰轮（图 11-20），惰轮只起改变运动方向的作用，对传动比没有影响，在计算传动比时，可以略去。

二、渐开线直齿圆柱齿轮传动

（一）渐开线及渐开线齿廓

1. 渐开线及渐开线齿廓的形成

如图 11-21 所示，当一直线 B_k 沿一半径为 r_b 的圆周作纯滚动时，此直线上任意一点 k 的轨迹称为该圆的渐开线。该圆称为渐开线的基圆，该直线称为渐开线的发生线。r_k 和 θ_k 分别称为 k 点的向径和展角。将同一基圆上所产生的两条相反的渐开线上的一段做成齿廓，就是渐开线齿轮的轮齿，如图 11-22 所示。

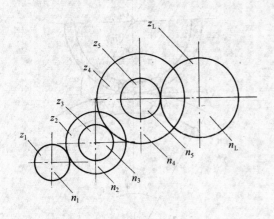

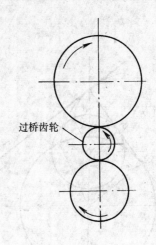

图 11-19　两对以上齿轮的啮合传动　　　　　图 11-20　惰轮

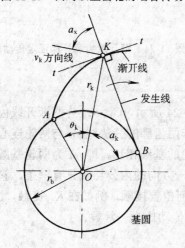

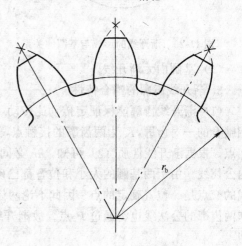

图 11-21　渐开线的形成　　　　　图 11-22　渐开线齿廓的形成

2. 渐开线的性质

由渐开线的形成过程可知，渐开线有以下性质：

（1）发生线沿基圆滚过的直线长度等于基圆上被滚过的圆弧长度，即 $\overline{Bk}=\overset{\frown}{AB}$；

（2）发生线 Bk 是渐开线在任意点 k 的法线，同时发生线又始终和基圆相切。所以渐开线上任意一点的法线必与基圆相切；反之，基圆的切线必为渐开线上某一点的法线；

（3）渐开线上某一点的法线（不计摩擦时的正压力方向线），与该点速度方向线所夹的锐角 α_k，称为该点的压力角，由图可知

$$\cos\alpha_k = \frac{r_b}{r_k} \tag{11-17}$$

该式说明渐开线上各点的压力角不等，离开基圆越远的点，r_k 的值越大，其压力角也越大；

（4）渐开线的形状完全取决于基圆的大小，基圆半径相等，其上的渐开线就完全相同，基圆半径越大，则渐开线越平直；基圆的半径为无穷大时，则渐开线就变成一条直线，齿条的齿廓曲线就是变成直线的渐开线（图 11-23）；

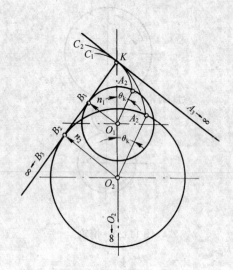

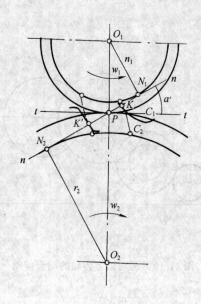

图 11-23　渐开线的形成与基圆的关系　　　　　图 11-24　渐开线齿廓可保证定传动比

（5）基圆内无渐开线。

3．渐开线齿廓的啮合特性

（1）渐开线齿廓能保证定传动比传动　　如图 11-24 所示，C_1、C_2 为两渐开线齿轮上互相啮合的一对齿廓，K 为两齿廓的接触点，过 K 点作两齿廓的公法线 nn 与两轮连心线交于 P 点。根据渐开线性质（2）可知，nn 必同时与两轮的基圆相切，即 nn 为两轮基圆的一条内公切线。由于两基圆的大小和位置都已确定，同一方向的内公切线只有一条，它与连心线的交点是一位置确定的点。因此不论两齿轮在任何位置接触，例如在 K^1 接触，过 K^1 点作两齿廓的公法线也将通过 P 点。故渐开线齿廓的传动比为一常数。即

$$i_{12} = \frac{w_1}{w_2} = \frac{\overline{O_2P}}{\overline{O_1P}} = \text{常数}$$

（2）中心距可分性　　在图 11-24 中，作 $O_1N_1 \perp nn$ 垂足为 N_1，作 $O_2N_2 \perp nn$ 垂足为 N_2，则 $\triangle O_1N_1P \backsim \triangle O_2N_2P_2$，所以

$$i_{12} = \frac{\overline{O_2P}}{\overline{O_1P}} = \frac{r_{b2}}{r_{b1}} \tag{11-18}$$

即两齿轮的传动比不仅与两轮节圆（P 点称为节点。以 O_1 和 O_2 为圆心，过节点 P 的两个相切圆称为节圆）半径成反比，同时也与两轮基圆的半径成反比。而在齿轮加工完成后，其基圆半径已确定。所以既使两齿轮的实际中心距与设计中心距有所偏差，也不会影响齿轮的传动比。渐开线齿轮传动的这一特性称为中心距可分性。这一优点给渐开线齿轮的加工和安装带来了很大方便。

（3）齿廓间的正压力方向不变　　一对渐开线齿廓，无论在哪一点接触，过接触点的齿廓公法线总是两基圆的内公切线 N_1N_2。所以，在啮合的全过程中，所有的接触点都在 N_1N_2 上，即 N_1N_2 是两齿廓接触点的轨迹，称其为齿轮传动的啮合线。

因为两齿廓啮合传动时，其间的正压力是沿齿廓法线方向作用的，也就是沿啮合线方

向传递。啮合线为定直线，故齿廓间正压力方向保持不变。若齿轮传递的力矩恒定，则轮齿之间，轴与轴承之间的压力大小及方向均不变，因而传动平稳。这是渐开线齿轮传动的又一优点。

在图 11-24 中，过节点 P 作两节圆的公切线 tt，它与啮合线 N_1N_2 间的夹角称为啮合角，用 α' 表示。显然，啮合角在数值上等于渐开线在节圆上的压力角。

（二）渐开线直齿圆柱齿轮各部分的名称、符号、基本参数及标准齿轮的几何尺寸计算

1. 直齿圆柱齿轮各部分的名称、符号、基本参数

结合图 11-25，现将其介绍如下：

（1）齿数　齿轮整个圆周上轮齿的总数称为齿数，用 z 表示。

（2）齿顶圆　齿轮各齿顶所确定的圆称为齿顶圆，其直径和半径分别以 d_a 和 r_a 表示。

（3）齿根圆　齿轮各齿槽底部所确定的圆称为齿根圆，其直径和半径分别用 d_f 和 r_f 表示。

（4）齿厚和齿槽宽　齿轮相邻两齿间的空间称为齿槽。在直径为 d_k 的圆周上，轮齿两侧齿廓间的弧长称为该圆的齿厚，用 s_k 表示；齿槽两侧齿廓间的弧长称为该圆的齿槽宽；用 e_k 表示。

（5）齿距　在直径为 d_k 的圆周上，两个相邻而同侧的齿廓间的弧长称为该圆的齿距，用 p_k 表示，齿距等于齿厚和齿槽宽之和，即 $p_k = s_k + e_k$。设齿轮的齿数为 z，齿距与直径关系为

$$\pi d_k = z p_k$$

即
$$d_k = \frac{p_k}{\pi} z \tag{11-19}$$

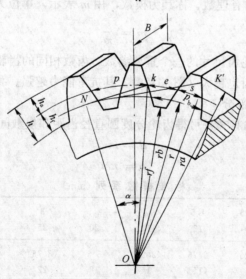

图 11-25　齿轮各部分名称和代号

（6）分度圆　由式（11-19）可见，在不同直径的圆周上，比值 p_k/π 各不相同，且其中含有无理数 π，给设计、制造和检验带来诸多不便。因此，我们把齿顶圆和齿根圆之间某一圆周上的比值 p_k/π 规定为标准值，并使该圆上的压力角也为标准值，这个圆称为分度圆。

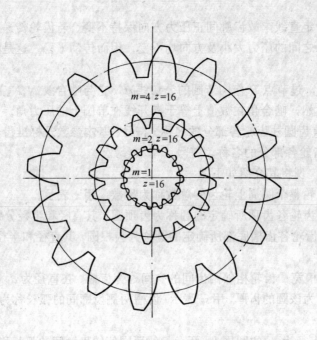

图 11-26　模数和轮齿形状的关系

分度圆的直径和半径分别用 d 和 γ 表示。分度圆上的齿厚、齿槽宽、齿距、压力角分别用 s、e、p 和 α 表示，不带下标。

（7）模数　由式（11-19）可知，分度圆直径与齿距间的关系为 $d = \dfrac{p}{\pi}z$。我们将比值 p/π 规定为整数或较完整的有理数，称其为模数，用 m 表示，单位为 mm。即

$$m = \frac{p}{\pi} \tag{11-20}$$

模数是决定齿轮和轮齿尺寸的一个重要参数。齿数相同的齿轮，模数越大，齿轮的尺寸越大；模数越大，轮齿也越大（图 11-26），其抗弯能力越强。我国已规定了标准模数系列，表 11-6 是其中的一部分。

由式（11-19）和（11-20）可得齿轮分度圆直径齿距和模数间的关系为

$$d = mz \tag{11-21}$$
$$p = \pi m \tag{11-22}$$

标　准　模　数　系　列（mm）　　　　　　　　　　　　　　　　　表 11-6

第一系列	1	1.25	1.5	2	2.5	3	4	5	6
	8	10	12	16	20	25	32	40	50
第二系列	1.75	2.25	2.75	(3.25)	3.5	(3.75)	4.5	5.5	(6.5)
	7	9	(11)	14	18	22	28	36	45

注：1. 本表适用于渐开线圆柱齿轮，对斜齿轮系指法向模数；
　　2. 优先选用第一系列，括号内的值尽可能不要用。

（8）压力角　分度圆上的压力角称为齿轮的压力角，以 α 表示，我国规定标准压力角为 20°。其它国家常用的压力角除 20°外，还有 15°、14.5°等。图 11-27 所示为压力角不同时的

轮齿形状。当 $\alpha < 20°$，轮齿间的相互作用力 F_n 沿运动方向的分力 F_t（有效分力）较大，而径向分力 F_i（有害分力）较小。但当分度圆 1 一定时，基圆 2 较大，离分度圆近，使齿根的渐开线变短；此外，基圆大时渐开线较平直，使齿根变瘦，强度低。当 $\alpha > 20°$ 时，基圆小，有效分力小而有害分力大，对传动不利，所以规定 $\alpha = 20°$ 较合适。

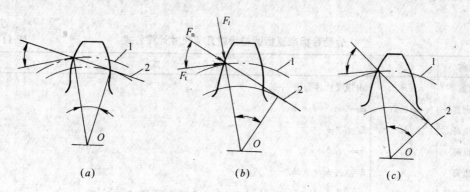

图 11-27　不同压力角的比较

(a) $\alpha < 20°$；(b) $\alpha = 20°$；(c) $\alpha > 20°$

1—分度圆；2—基圆

（9）齿顶高、齿根高和全齿根　如图 11-25 所示，轮齿被分度圆分为两部分。介于齿顶圆和分度圆间的部分称为齿顶，其径向高度称为齿顶高，用 h_a 表示；介于分度圆与齿根圆间的部分称为齿根，其径向高度称为齿根高，用 h_f 表示。齿顶圆和齿根圆之间轮齿的径向高度称为全齿根，用 h 表示。因此

$$h = h_a + h_f \tag{11-23}$$

（10）齿顶高系数，顶隙系数和顶隙　齿轮各部分尺寸均以模数作为计算基础，因此，齿顶高和齿根高可表示为：

$$\left.\begin{aligned} h_a &= h_a^* m \\ h_f &= (h_a^* + c^*)m \end{aligned}\right\} \tag{11-24}$$

式中　h_a^* 和 c^* 分别称为齿顶高系数和顶隙系数，对于圆柱齿轮，其标准值为：

正常齿　$h_a^* = 1$，$c^* = 0.25$

短齿　$h_a^* = 0.8$，$c^* = 0.3$

顶隙 $c = c^* m$，是指一对齿轮啮合时，若两轮的分度圆相切，则一个齿轮的齿顶圆到另一个齿轮的齿根圆的径向距离。当齿轮工作时，顶隙内可贮存润滑油，有利于齿面的润滑。

（11）基圆齿距　相邻两个同侧齿廓的渐开线起始点间的基圆弧长，称为基圆齿矩，用 p_b 表示。根据渐开线性质（1）可知，它与这两个齿廓间的法向距离 kk'（图 11-25）相等。由式（11-18）可知 $p_b = \dfrac{\pi d_b}{z}$，又由式（11-16）可知 $d_b = d\cos\alpha$，则

$$p_b = \frac{\pi d}{z}\cos\alpha = p\cos\alpha \tag{11-25}$$

分度圆上齿厚等于齿槽宽，且齿顶高系数和顶隙系数为标准值的齿轮称为标准齿轮。据此定义，在标准齿轮中

$$s = e = \frac{p}{2} = \frac{\pi m}{2} \tag{11-26}$$

由以上分析可知：齿数 z、模数 m、压力角 α、齿顶高系数 h_a^* 和顶隙系数 c^* 是直齿圆柱齿轮的五个主要参数。它们是计算齿轮几何尺寸的基本依据。

2. 标准直齿圆柱齿轮几何尺寸的计算。

当齿轮的主要参数确定后，可根据表 11-7 列的公式计算标准直齿圆柱齿轮的几何尺寸。

外啮合标准直齿圆柱齿轮几何尺寸计算公式　　　　　　表 11-7

名称	代号	公　　式
模数	m	由强度计算确定
分度圆直径	d_1、d_2	$d_1 = mz_1$；$d_2 = mz_2$
齿顶高	h_a	$h_a = h_a^* m$
齿根高	h_f	$h_f = (h_a^* + c^*) m$
全齿高	h	$h = h_a + h_f = (2h_a^* + c^*) m$
齿顶圆直径	d_{a1}, d_{a2}	$h_{a1} = d_1 + 2h_a = (z_1 + 2h_a^*) m$；$d_{a2} = d_2 + 2h_a = (z_2 + 2h_a^*) m$
齿根圆直径	d_{f1}, d_{f2}	$d_{f1} = d_1 - 2h_f = (z_1 - 2h_a^* - 2c^*) m$；$d_{f2} = d_2 - 2h_f = (z_2 - 2h_a^* - 2c^*) m$
基圆直径	d_{b1}, d_{b2}	$d_{b1} = d_1 \cos\alpha$；$d_{b2} = d_2 \cos\alpha$
齿距	p	$p = \pi m$
基圆齿距	p_b	$p_b = p\cos\alpha = \pi m \cos\alpha$
齿厚	s	$s = \dfrac{p}{2} = \dfrac{\pi m}{2}$
齿槽宽	e	$e = \dfrac{p}{2} = \dfrac{\pi m}{2}$
顶隙	c	$c = c^* m$
中心距	a	$a = \dfrac{1}{2}(d_1 + d_2) = \dfrac{m}{2}(z_1 + z_2)$

（三）直齿圆柱齿轮的正确啮合条件

一对渐开线齿轮正确啮合的条件是两轮的模数和压力角必须分别相等。即

$$m_1 = m_2 = m \qquad \alpha_1 = \alpha_2 = \alpha \tag{11-27}$$

【例题 11-2】 已知一对正确安装的外啮合标准直齿圆柱齿轮，其参数为：$z_1 = 20$，$z_2 = 80$，$m = 2\text{mm}$，$\alpha = 20°$，$h_a^* = 1$，$c^* = 0.25$。试计算传动比 i，两轮的主要几何尺寸。

【解】 （1）传动比

$$i = \frac{n_1}{n_2} = \frac{z_1}{z_2} = \frac{80}{20} = 4$$

（2）分度圆直径

$$d_1 = mz_1 = 2 \times 20 = 40\text{mm}$$
$$d_2 = mz_2 = 2 \times 80 = 160\text{mm}$$

（3）齿顶圆直径

$$d_{a1} = m(z_1 + 2h_a^*) = 2 \times (20 + 2 \times 1) = 44\text{mm}$$
$$d_{a2} = m(z_2 + 2h_a^*) = 2 \times (80 + 2 \times 1) = 164\text{mm}$$

（4）齿根圆直径

$$d_{f1} = m(z_1 - 2h_a^* - 2c^*) = 2 \times (20 - 2 \times 1.25) = 35mm$$

$$d_{f2} = m(z_2 - 2h_a^* - 2c^*) = 2 \times (80 - 2 \times 1.25) = 155mm$$

（5）齿顶高

$$h_a = h_a^* \cdot m = 1 \times 2 = 2mm$$

（6）齿根高

$$h_f = (h_a^* + c^*)m = (1 + 0.25) \times 2 = 2.5mm$$

（7）全齿高

$$h = h_a + h_f = 2 + 2.5 = 4.5mm$$

（8）齿距

$$p = \pi m = 3.14 \times 2 = 6.28mm$$

（9）齿厚和齿槽宽

$$s = e = \frac{p}{2} = \frac{6.24}{2} = 3.14mm$$

（10）中心距

$$a = \frac{m}{2}(z_1 + z_2) = \frac{2}{2}(20 + 80) = 100mm$$

三、斜齿圆柱齿轮传动特点及应用

假想将一个直齿圆柱齿轮沿垂直于齿轮轴线的方向切成若干等宽的薄片，各片间沿同一方向转过一微小的角度，形成一个阶梯齿轮。当齿轮片的数目无限增多时，各片间的相对转角也无限减小，这样便得到斜齿圆柱齿轮。其轮齿形状变化如图 11-28 所示。

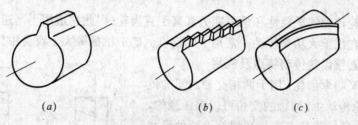

图 11-28　斜齿轮演化过程

(a) 直齿齿轮；(b) 阶梯齿轮；(c) 斜齿轮

实际上，斜齿圆柱齿轮的轮齿是按螺旋线的形式分布在圆柱体上的，分度圆柱上的螺旋线和齿轮轴线方向的夹角称为斜齿圆柱齿轮的螺旋角。图 11-29 是一斜齿轮沿分度圆柱面的展开图，其中带剖面线部分表示齿厚，空白部分表示齿槽，角 β 为齿轮的螺旋角。β 角愈大，则轮齿倾斜愈厉害；当 $\beta=0$ 时，齿轮就是直齿圆柱齿轮。所以螺旋角 β 是斜齿圆柱齿轮的一个重要参数。

直齿圆柱齿轮在啮合传动过程中，每一瞬时，轮齿齿面上的接触线都是平行于轴线的直线（图 11-30 (a)）。因此，在啮合开始或终了时，一对啮合的轮齿是沿着整个齿宽突然开始啮合或突然脱离啮合时，故传动的平稳性差。

斜齿圆柱齿轮在啮合传动过程中，轮齿的接触线都是与轴线不平行的斜线（图 11-30 (b)），在不同位置的接触线又长短不一。从啮合开始起，接触线长度由零逐渐增大，到某一位置后又逐渐减小,直至脱离啮合。因此,轮齿受力的突增或突减情况有所减轻,传动较为平稳。

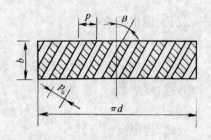

图 11-29　斜齿轮沿分度圆柱面展开

由图 11-30 还可看出,斜齿圆柱齿轮每一个齿参加啮合的周期比直齿圆柱齿轮长(当齿轮模数、齿数、齿宽和转速都相同时),因此,在斜齿圆柱齿轮传动中,同时啮合的齿的对数就比较多,从而使传动更为平稳,承载能力也大为提高。

由于轮齿的倾斜,在斜齿轮传动中,轮齿受力 F

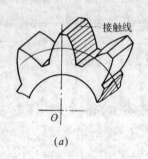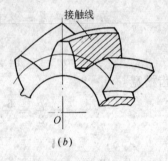

图 11-30　齿轮接触线

(a) 直齿圆柱齿轮;(b) 斜齿圆柱齿轮

将产生轴向分力 F_a (图 11-31 (a)),需要安装推力轴承,从而使轴系结构复杂化。而且齿轮的螺旋角越大,轴向力 F_a 也越大。为了消除轴向力的影响,可采用人字齿轮(图 11-31 (b))。人字齿轮可看作螺旋角相等、旋向相反的两个斜齿轮合并而成。因左右对称使轴向力互相抵消。

由于斜齿轮传动的平稳性和承载能力都高于直齿轮,因此它适用于高速和重载传动。尤其是人字齿轮宜用于大功率传动。常用于轧钢机、矿山机械等大型设备中。

四、直齿圆锥齿轮传动特点及应用

圆锥齿轮又叫伞齿轮,用于两相交轴之间的传动。在圆锥齿轮传动中,两轴的交角可以是任意的,但通常是 90°。圆锥齿轮有直齿和螺旋齿两种形状的轮齿,直齿圆锥齿轮制造较为方便,应用较广。

直齿圆锥齿轮的轮齿是均匀分布在圆锥体上的,且轮齿向锥顶方向逐渐缩小(图 11-32),所以直齿圆锥齿轮传动的载荷沿齿宽的分布是不均匀的。此外,直齿圆锥齿轮的制造精度低,工作时振动和噪音较大,因此直齿圆锥齿轮传动只用于圆周速度较低 ($v=5\text{m/s}$) 的传动。

图 11-31　斜齿上的轴向作用力

(a) 斜齿轮;(b) 人字齿轮

五、齿轮传动的失效形式

机械零件由于某种原因不能正常工作时称为失效。齿轮在传动过程中,既传递运动,又传递动力,在载荷的作用下,也会发生各种不同形式的失效。通常,齿轮传动的失效形式主要是轮齿的失效。齿轮的其他部分,如齿圈,

图 11-32　圆锥齿轮

轮辐，轮毂等，极少失效。轮齿的失效形式主要有以下几种：

（一）轮齿折断

当载荷作用于轮齿上时，轮齿像一个受载的悬臂梁，轮齿根部将产生很大的弯曲应力，并且在齿根过渡圆角处有较大的应力集中。因此当轮齿在多次重复受载后，齿根处将产生疲劳裂纹（图11-33），随着裂纹的不断扩展，将导致齿轮折断，这种折断称为疲劳折断。

轮齿因受到意外的严重过载而引起轮齿的突然折断，称为过载折断。用铸铁、淬火钢等脆性材料制成的齿轮，易发生过载折断。

（二）齿面点蚀

齿轮在啮合传动时，两齿面在理论上为线接触，但由于齿轮材料在载荷作用下产生弹性变形，啮合外形成一条很窄的接触带。由于接触带面积很小，其上将产生很大的接触应力。在齿轮啮合过程中，接触应力呈周期性变化。若齿面接触应力超过材料的接触疲劳极限时，在载荷多次重复作用下，齿面表层就会产生细微的疲劳裂纹，随着裂纹的逐渐扩展，使表面金属产生麻点状的剥落，轮齿工作面上出现细小的凹坑，这种在齿面表层产生的疲劳破坏称为疲劳点蚀，简称齿面点蚀。点蚀使轮齿有效承载面积减少，齿廓表面被破坏，引起冲击和噪声，进而导致齿轮传动的失效。实践证明，疲劳点蚀首先出现在靠近节线的齿根表面，如图11-34所示。

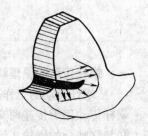

图 11-33　齿根疲劳裂纹

齿面抗点蚀能力与齿面硬度及润滑状态有关，齿面硬度越高，则抗点蚀能力越强。在啮合轮齿间注入润滑油可减少摩擦，减缓点蚀，延长齿轮寿命。但是当齿面上出现疲劳裂纹后，润滑油就会浸入裂纹，在啮合齿面的挤压下，裂纹中的油压将增高，从而加速裂纹的扩展。因此，疲劳点蚀是润滑良好的闭式软齿面（硬度≤350HBS）齿轮传动的主要失效形式。

在开式齿轮传动中，由于齿面磨损较快，点蚀来不及出现或扩展即被磨掉，所以很少出现点蚀。

（三）齿面磨损

齿面磨损通常是磨粒磨损。在齿轮传动中，由于灰尘、铁屑等磨料性物质落入轮齿工作面间而引起的齿面磨损即是磨粒磨损。齿面磨损是开式齿轮传动的主要失效形式。齿面过度磨损后（图11-35），齿廓形状被破坏，导致严重的噪声和振动，最终使传动失效。改用闭式传动是避免齿面磨损最有效的方法。

（四）齿面胶合

在高速重载传动中，由于啮合齿面间压力大，温度高而使润滑失效，当瞬时温升过高时，相啮合的两齿面将发

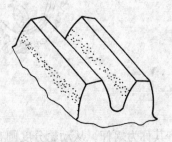

图 11-34　疲劳点蚀

生粘连现象，同时两齿面又作相对滑动，较软的齿面沿滑动方向被撕下而形成沟纹（图11-36），这种现象称为胶合。在低速重载传动中，由于齿面间不易成油膜，也会产生胶合失效。此时，齿面的瞬时温度并无明显升高，故称之为泛胶合。

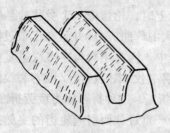

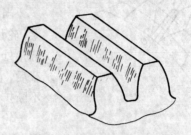

图 11-35　磨粒磨损　　　　　　　　　　　　图 11-36　胶合

（五）塑性变形

材料较软的齿轮，当载荷较大时，轮齿在啮合过程中，齿面间的摩擦力也较大，在摩擦力的作用下，将导致齿面局部的塑性变形。当轮齿受到过大冲击载荷作用时，还会使整个轮齿产生塑性变形。

<h2 style="text-align:center">第五节　蜗　杆　传　动</h2>

一、蜗杆传动的原理和特点

（一）蜗杆传动的工作原理

蜗杆传动用于传递两交错轴之间的运动和动力，两轴交错角通常为90°。蜗杆传动由蜗杆 1 和与它啮合的蜗轮 2 组成（图11-37）。蜗杆传动实质上是一种齿轮传动，主动轮的分度圆直径小而且轴向长度较大，所以轮齿在其分度圆柱面上形成完整的螺旋线，形如螺旋，

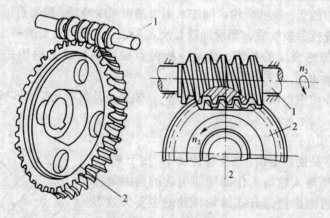

图 11-37　蜗杆传动
1—蜗杆；2—蜗轮

将其称为蜗杆。从动轮分度圆直径很大且轴向长度较小，所以分度圆柱上的轮齿只有一小段，形成一个斜齿轮，称为蜗轮。

常用的普通蜗杆是一个具有梯形螺纹的螺杆，蜗轮是一个在齿宽方向具有弧形轮缘的

斜齿轮。对相啮合的蜗杆传动,其蜗杆蜗轮齿的旋向相同,且螺旋角之和为90°,即$\beta_1+\beta_2=90°$(β_1——螺杆螺旋角;β_2——蜗轮螺旋角),如图11-38所示。

蜗杆传动一般以蜗杆为主动件,蜗轮为从动件。设蜗杆线数为Z_1,蜗杆齿数为Z_2,当蜗杆转动一圈时,蜗轮转动Z_1个齿,即转过$\dfrac{Z_1}{Z_2}$圈。当蜗杆转速为n_1时,蜗轮的转速应为$n_2=n_1\dfrac{Z_1}{Z_2}$。所以蜗杆传动的速比应为

$$i=\frac{n_1}{n_2}=\frac{Z_2}{Z_1} \tag{11-28}$$

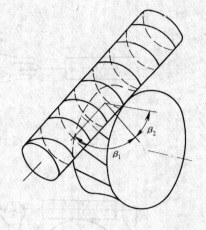

图11-38 蜗杆传动的螺旋

（二）蜗杆传动的特点

1. 可实现大的传动比

在动力传动中,单级传动比$i=7\sim80$;在分度机构或手动机构中,传动比可达300;若只传递运动时,传动比可达1000。由于用较小的零件可实现大传动比运动,所以与圆柱齿轮、圆锥齿轮相比,蜗杆传动紧凑。

2. 工作平稳

由于蜗杆轮齿是连续不断的螺旋,它和蜗轮齿的啮合传动相当于螺旋传动,同时啮合的齿又较多,故传动平稳、振动小、噪声低。

3. 有自锁作用

当蜗杆的导程角γ(在蜗杆分度圆柱上,螺旋线的切线与垂直于轴线的平面间夹角,称为导程角,$\gamma=\beta_2$)较小时,蜗杆传动便具有自锁性,容易得到自锁机构。

4. 效率低

在蜗杆传动中,啮合齿面间滑动速度大,所以摩擦损失大,机械效率低,一般$\eta=0.7\sim0.9$,具有自锁性能的蜗杆传动效率仅为0.4。此外,当工作条件不良时,相对滑动会导致齿面的严重摩擦和磨损,从而引起过分发热,使润化情况恶化。

5. 成本高

为了减少啮合齿面内的摩擦和磨损,要求蜗轮副的配对材料应有较好的减摩性和耐磨性,为此,通常要选用较贵重的金属制造蜗轮,使成本提高。

二、蜗杆蜗轮齿的旋向及蜗轮旋转方向的判定

（一）蜗杆蜗轮齿旋向的判定

在蜗杆传动中,蜗杆蜗轮齿的旋向是一致的,即同为左旋或同为右旋。蜗杆蜗轮齿的旋向可用右手法则判定:手心对着自己,四个手指顺着蜗杆(或蜗轮)轴线方向摆着,若齿向与右手拇指指向一致,则该蜗杆(或蜗轮)为右旋蜗杆(或蜗轮),如图11-39a、b所示;反之则为左旋。

（二）蜗轮旋转方向的判定

蜗轮的旋转方向决定于蜗杆的轮齿旋向和蜗杆的转向,通常用右(左)手定则的方法来判定。具体方法是:对于右(左)旋蜗杆用右(左)手定则,用四指弯曲表示蜗杆的回转方向,大拇指伸直代表蜗杆轴线,则蜗轮啮合点的线速度方向与大拇指所指示的方向相反,根据啮合点的线速度方向即可确定蜗轮的转向,如图11-40a、b所示。

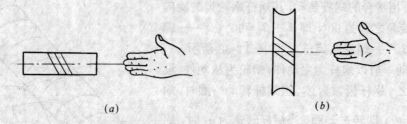

图 11-39　蜗杆蜗轮的旋向

(a) 右旋蜗杆；(b) 右旋蜗轮

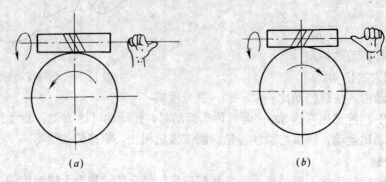

图 11-40　蜗轮转向的判断

(a) 右旋蜗杆传动；(b) 左旋蜗杆传动

习　题

1. 一台机器是由哪几部分组成？其中传动机构的作用是什么？

2. 试说明带传动的工作原理和特点。

3. 与平型带传动相比较，三角带传动为何能得到更为广泛的应用？

4. 为什么三角带传动的带速必须控制在 5～25m/s 之间？

5. 在三角带传动过程中，应注意哪些问题？

6. 在带传动中，什么是有效拉力，它和传动功率有什么关系？

7. 普通三角带传动传递的功率 $p=10kW$，带速 $v=125m/s$，紧边的拉力 F_1 是松边拉力 F_2 的两倍。求紧边拉力 F_1 及有效拉力 F。

8. 什么是弹性滑动？为什么说弹性滑动是带传动中的固有现象？

9. 试说明链传动的特点。

10. 为什么带传动的紧边在下，而链传动的紧边在上？

11. 渐开线具有哪些主要性质？

12. 现有两个渐开线直齿圆柱齿轮，其参数分别为 $m_1=2mm$，$z_1=40$，$\alpha=20°$；$m_2=4mm$，$z_2=20$，$\alpha_2=20°$。试问两齿轮的渐开线形状是否相同？为什么？

13. 某传动装置中有一对渐开线标准直齿圆柱齿轮（正常齿）。大齿轮已损坏，小齿轮的齿数 $z_1=24$。齿顶圆直径 $d_{a1}=78mm$，传动中心距 $a=135mm$，试计算大齿轮的主要几何尺寸及这对齿轮的传动比。

14. 一对直齿圆柱齿轮（标准齿轮）的正确啮合条件是什么？

15. 试说明斜齿圆柱齿轮、直齿圆锥齿轮传动的特点。

16. 齿轮轮齿有哪几种主要失效形式？开式传动和闭式传动的失效形式是否相同？

17. 蜗杆传动的主要特点是什么？

18. 判断图中蜗杆或蜗轮的转向及蜗杆的旋向？

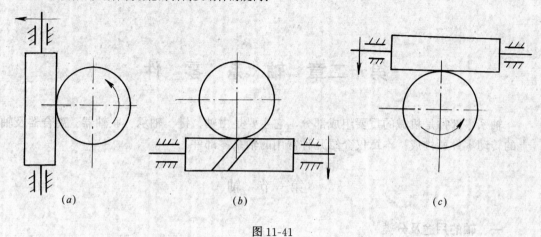

(a)　　　　　　　　　　(b)　　　　　　　　　　(c)

图 11-41

第十二章　轴　系　零　件

　　轴系零部件是机械的重要组成部分，它主要是由轴、键、轴承、联轴器、离合器及轴上的转动零件所构成。本章仅介绍几种常用的轴系零部件。

第一节　轴

一、轴的用途及分类

（一）轴的用途

　　轴是任何一部机器必不可少的零件。轴安装在轴承上，用以支承机器中的传动零件和回转零件，以保证各零件之间有确定的几何位置。一切作旋转运动的零件只有安装在轴上，才能实现其动力和运动的传递。因此，轴的用途是支承转动零件，并传递运动和动力。

（二）轴的分类

1. 按轴的承载情况分类

　　可将轴分为转轴、传动轴和心轴三类。

（1）转轴　既承受扭矩又承受弯矩的轴称为转轴。如减速器中的轴（图 12-1）。机器中的多数轴均属于转轴。

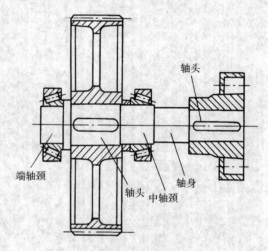

图 12-1　转轴

（2）传动轴　只承受扭矩而不承受弯矩的轴称为传动轴。如汽车变速箱与后桥之间的传动轴（图 12-2）。

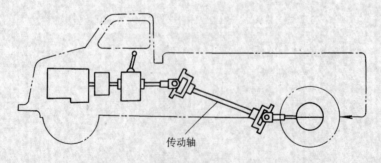

图 12-2　传动轴

　　（3）心轴　只承受弯矩而不承受扭矩的轴称为心轴。心轴可以是转动的，如火车的车辆轴（图 12-3）；也可以是不转动的，如滑轮轴（图 12-4）。

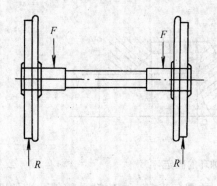

图 12-3 转动心轴

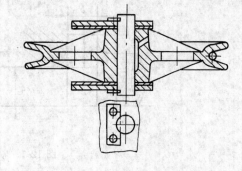

图 12-4 固定心轴

2. 按轴线的形状分类

轴可分为直轴（图 12-1 到图 12-4）曲轴（图 12-5）和挠性轴（图 12-6）。曲轴常用于往复式机械中。挠性轴可将转矩和旋转运动灵活地传到所需要的任何位置。常用于振捣器及医疗设备中。

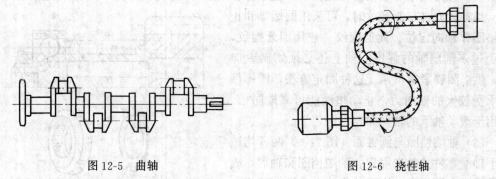

图 12-5 曲轴　　　　　　　　　　　　　图 12-6 挠性轴

二、轴的结构及轴上零件的固定

（一）轴的结构

轴主要由轴颈、轴头和轴身所组成。如图 12-1 所示。装轴承的部分称为轴颈；装转动零件的部分称为轴头；联接轴颈和轴头的部分称为轴身。

轴的合理结构和尺寸分布，除按设计满足其强度和刚度要求外，还必须考虑以下几点：

（1）保证轴上零件的准确工作位置。

（2）便于加工制造、装拆和调整。当轴上装有几个配合性质不同的零件时，为了装拆方便，轴的外形应呈阶梯形，而且轴的端部应有 45°的倒角。

（3）保证轴上零件有牢固而可靠的轴向和周向的固定。

（4）轴径变化处应加工成圆角，且圆角半径应尽可能大一些，以减少应力集中。

（二）轴上零件的固定

1. 零件在轴上的轴向固定

零件在轴上的轴向固定是为了保证零件有确定的工作位置，防止零件沿轴向移动并承受轴向力。轴向固定的方式很多，各有特点，常见的轴向固定有轴肩、轴环、弹性档圈、螺母、套筒等。

（1）轴肩和轴环（图 12-7）这种固定方式简单可靠，可承受较大的轴向力，应用较多。

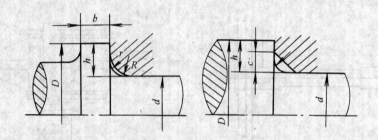

图 12-7　轴肩和轴环的固定

为了使零件端面与轴肩、轴环能很好地贴合，轴上的圆角半径 r 应比轴上零件孔端的圆角半径 R 或倒角的高度 c 稍小些。同时还必须保证轴肩和轴环的高度 $h > R$ 或 c。对于非定位轴肩的高度和圆角半径无严格规定，两段轴的直径稍有变化即可。

（2）定位套和圆螺母（图 12-8）当轴上两个零件相隔距离不大时，常采用套筒作轴向固定。这种固定能承受较大的轴向力，且定位可靠，结构简单，装拆方便，可减少轴的阶梯数量和应力集中。使用套筒定位时，应注意使 $L < B$ 才能使套筒顶住轴上零件。

当轴段允许车制螺纹时，可采用圆螺母和止动垫圈作轴向定位。此处螺纹一般用细牙螺纹，以免过多削弱轴的强度。轴上还必须切制纵向槽，供垫圈锁紧螺母用。这种固定方法，圆螺母可承受较大的轴向力，止动垫圈能可靠地防松，多用于滚动轴承的轴向固定。

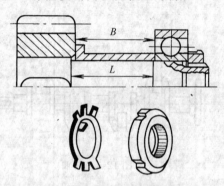

（3）轴端挡圈与圆锥面（图 12-9）两者均适用于轴端零件的轴向固定。轴端挡圈和轴肩，或轴端挡圈和圆锥面，均可对零件实现轴向的双向固定。这种定位方式装拆方便，并可兼作周向固定，宜用于高速、轻载的场合。圆锥面更适用于零件与轴的同心度要求较高之处。

图 12-8　定位套筒与圆螺母固定

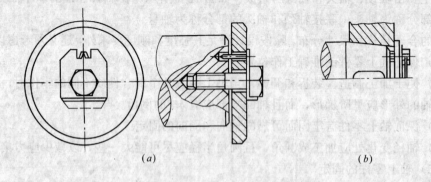

(a)　　　　　　　　　　　　　　　(b)

图 12-9　轴端挡圈的固定

(a) 圆柱形轴端挡圈的固定；(b) 圆锥端轴端的固定

（4）弹性挡圈与紧定螺钉　用于轴向力较小，或仅仅为了防止零件偶然沿轴向移动的场合。

弹性挡圈与轴肩联合使用，对轴上零件实现双向固定，常用于滚动轴承的轴向固定（图12-10）。

紧定螺钉多用于光轴上零件的轴向固定，还可兼作周向固定（图12-11）。这种固定方法结构简单，且零件的位置可比较方便地调整，但不宜用于较高转速的轴。

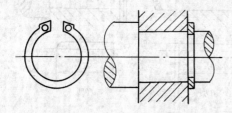

图12-10 弹性挡圈固定

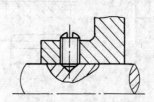

图12-11 紧定螺钉固定

2. 零件在轴上的周向固定

零件在轴上的周向固定是为了传递转矩，防止零件与轴产生相对转动。常用的周向固定方法有键或花键联接、销联接、过盈配合等。键、花键、销的周向固定方法在下一节作详细介绍。

过盈配合就是轴比孔稍大，一般可将轴压入零件的孔内而获得牢固的联接。用过盈配合作轴上零件的周向固定，同时也有轴向固定作用。这种固定方法结构简单，固定可靠，对中性好，承载能力和抗冲击性也较高，但不易拆卸。为了装配方便，零件装入端常加工出引导锥面。

对于对中性要求高，承受较大振动和冲击载荷的周向固定，还可用键和过盈配合组合使用的固定方法，以传递较大的转矩。这样可使轴上零件的周向固定更加可靠。

第二节 键 与 销 联 接

键与销联接主要用于实现轴和传动零件（如齿轮、带轮、联轴器）间的周向固定，藉以传递运动和转矩。其具有结构简单，工作可靠，拆装方便等优点。常用的形式有，键联接，花键联接及销轴联接。

一、键联接

（一）键联接的类型、结构及应用

根据形状，键可分为平键、半圆键和楔键等，其中以平键最为常用。

1. 平键联接

平键具有矩形和正方形截面。按用途平键可分为普通平键、导向平键和滑键三种。图12-12所示为普通平键的结构型式，把键置于轴和轴上零件对应的键槽内，工作时靠键和键槽侧面的挤压来传递转矩，因此键的两个侧面为工作面。键的上、下面为非工作面，且键的上面与传动零件键槽的底面留有少量的间隙。普通平键联接不影响轴与轴上零件的对中，多用于传动精度要求较高的情况。但是它只能用作轴上零件的周向固定，而不能作轴向固定，更不能承受轴向力。

普通平键按端部结构形状分，有圆头（A型）、平头（B型）和单圆头（C型）三种，如图12-12所示。A型用于端铣刀加工的轴槽（图12-13（a））；B型用于盘铣刀加工的轴槽

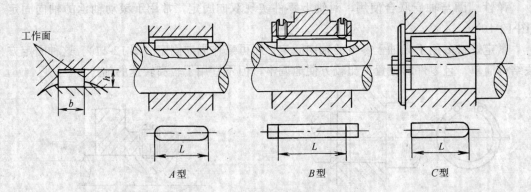

工作面

图 12-12　普通平键的联接

A 型　　　　　　B 型　　　　　　C 型

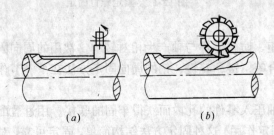

(a)　　　　　　　　(b)

图 12-13　轴上键槽的加工

(a) 端铣刀加工；(b) 盘铣刀加工

（图 12-13（b））；C 型多用于轴端。

普通平键用于静联接。当传动零件在工作过程中需沿轴作轴向移动时（如变速箱中的滑移齿轮），则需采用导向平键或滑键组成的动联接。导向键（12-14（a））是一种较长的平键，用螺钉固定在轴的键槽中，传动零件可沿着键作轴向移动。当零件需沿轴作较大的轴向移动时，可采用滑键联接（图 12-14（b））。滑键与传动零件装成一体，工作时滑键与传动零件一起沿轴上的长键槽滑动。

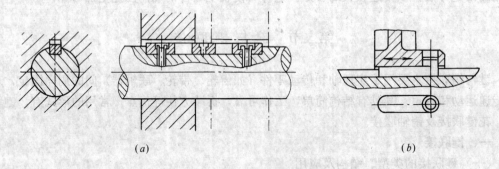

(a)　　　　　　　　　　　　(b)

图 12-14　导向键和滑键联接

(a) 导向键；(b) 滑键联接

2. 半圆键联接

键的两侧面为半圆形，靠键的两侧面实现周向固定并传递转矩（图 12-15）。键能在轴槽中绕槽底圆弧曲率中心摆动，自动适应传动零件上键槽的斜度，对中性好。但轴上的键槽较深，对轴的削弱较大。主要用于轻载时圆锥面轴端的联接。

3. 楔键联接（图 12-16）

楔键上、下面是工作面。键的上表面和传动零件槽的底部各有 1∶100 的斜度，装配时把键打入，靠键楔紧产生的摩擦力传递运动和转矩。同时还可传递单向的轴向力，对零件起到单向的轴向固定作用。楔键分普通楔键和钩头楔键两种，钩头是供装拆用的。由于楔

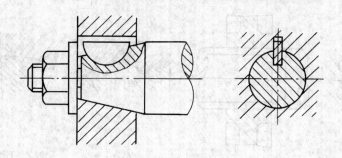

图 12-15　半圆键联接

键打入时，迫使轴的轴心与传动零件中心分离，从而破坏了轴与传动零件的同心度。因此，楔键联接的应用日益减少，仅用于一些速度较低，对中性要求不高的轴毂联接（如某些农业机械和建筑机械）。

普通平键、半圆键装配时不需打紧，称为松键联接。楔键装配时需打紧，称为紧键联接。

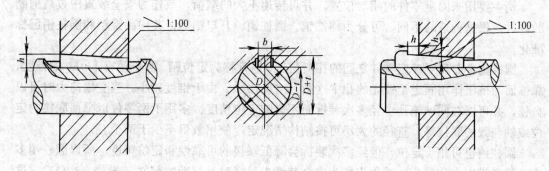

图 12-16　楔键联接

（二）平键的尺寸及选用

普通平键的主要尺寸有键宽 b、键高 h 和键长 L，如图 12-12 所示。平键是标准件，选用平键时，应首先选择其类型，然后选择其尺寸。类型的选择主要是根据联接的结构、使用要求和工作条件等选定。尺寸的选择是根据轴径 d，从标准中选取键的剖面尺寸 $b×h$，再按轮毂的长度选取键的长度（键长等于或略短于轮毂的长度），且应符合标准值。

二、花键联接

花键联接是由带齿的花键轴和带齿槽的轮毂组成。工作时靠齿侧的挤压来传递转矩。花键联接具有承载能力高、对中性好、便于导向和对轴削弱较小的优点，适用于载荷较大和定心精度要求高的静联接或动联接。

花键已经标准化。按齿形的不同，分为矩形花键（图 12-17（a））、渐开线花键（图 12-17（b））和三角形花键（图 12-17（c））三种。

矩形花键加工方便，可获得较高的精度，应用较广。其定心方式有外径定心，内径定心和齿侧定心三种。其中外径定心的精度高，加工方便，应用最多（图 12-17（a））。渐开线花键其齿廓为渐开线，受载时在齿上产生径向力，能起自动定心作用使各齿受力均匀。又由于其齿根较厚，应力集中小，所以渐开线花键具有定心精度高，承载能力大和寿命长等

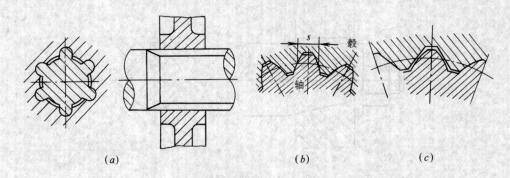

图 12-17 花键的类型
(a) 矩形花键;(b) 渐开线花键;(c) 三角形花键

优点。三角形花键齿多且小,故对轴的强度削弱较小,适用于轻载和直径小的静联接,尤其是轴和薄壁零件的联接。

三、销联接

销主要用来固定零件的相对位置,并可传递不大的载荷,或作为安全装置中过载剪断的零件。根据构造的不同,可分为圆锥销、圆柱销、开口销等,其中圆锥销和圆柱销已标准化。

圆锥销主要用于确定零件之间的相对位置,通常称为定位销。圆锥销有 1:50 的锥度,靠锥面的挤压作用固定于铰光的孔中(图 12-18 (a))。由于锥度较小,当受横向力时可以自锁,并可以在同一销孔中经多次装拆而不影响定位精度。多用于两零件以平面联接的定位或轴与毂的联接等。直径的大小可按结构情况定,使用数目不少于两个。

圆柱销也可用于定位,但经多次装拆会降低联接的可靠性和定位精度。所以圆柱销多用于传递横向力和转矩,或用来作为安全装置中过载时被剪断的零件(图 12-18 (b)),这种联接的销又称安全销,用作传动装置的过载保护。

开口销是一种防松零件,常与带槽螺母一起使用。

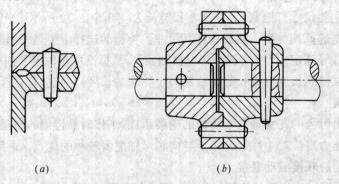

图 12-18 销联接
(a) 圆锥销;(b) 圆柱销

第三节 轴 承

轴承是机器中用来支承轴的一种重要部件,用以保证轴线的回转精度,减少轴和支承间由于相对转动而引起的摩擦和磨损。根据轴承工作的摩擦性质，可分为滑动轴承和滚动轴两大类。

一、滑动轴承

（一）滑动轴承的组成、类型、特点和应用

1．滑动轴承的组成及类型

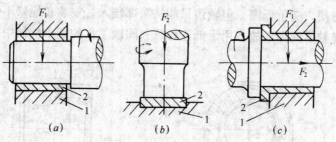

图 12-19　滑动轴承的组成

（a）向心滑动轴承；（b）推力滑动轴承；（c）向心推力滑动轴承

1—轴承座；2—轴瓦

滑动轴承主要由轴承座和轴瓦所组成，如图 12-19 所示。

按载荷方向，滑动轴承可分为向心滑动轴承（图 12-19（a））、推力滑动轴承（图 12-19（b））和向心推力滑动轴承（图 12-19（c））。向心滑动轴承主要承受径向载荷，推力滑动轴承主要承受轴向载荷。向心推力滑动轴承既承受径向载荷，又承受轴向载荷。

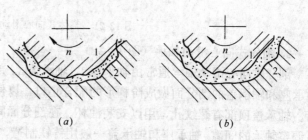

图 12-20　滑动轴承的摩擦状态

（a）非液体摩擦；（b）液体摩擦

1—轴颈；2—轴瓦

按轴承的润滑状态，滑动轴承可分为非液体摩擦滑动轴承和液体摩擦滑动轴承两大类。非液体摩擦滑动轴承是在轴颈和轴瓦表面，由于润滑油的吸附作用而形成一层极薄的油膜，它使轴颈与轴瓦表面有一部分接触，另一部分被油膜隔开，如图 12-20（a）所示，它的摩擦系数约为 0.008～0.1，一般常用的滑动轴承大部分属于这一类。液体摩擦滑动轴承的油膜较厚，使接触面完全脱离接触，如图 12-20（b）所示，它的摩擦系数约为 0.0001～0.008。这是一种比较理想的摩擦状态。由于这种轴承摩擦状态要求较高，不易实现，因此一般设备中都不采用这种轴承。

2．滑动轴承的特点及应用

滑动轴承包含的零件少，工作面间一般有润滑油膜并为面接触。所以，它具有承载能力大、抗冲击、低噪声、工作平稳、回转精度高、高速性能好等优点。主要缺点是起动摩擦阻力大，维护较复杂。主要应用于转速较高、承受巨大冲击和振动载荷、对回转精度要求较高，必须采用剖分结构等场合。此外在一些要求不高的简单机械中，也应用结构简单、制造容易的滑动轴承。

在滑动轴承中，应用最多的是向心滑动轴承（非液体摩擦滑动型），为此，下面仅对其结构作以介绍。

（二）向心滑动轴承的典型结构

1. 整体式向心滑动轴承（图 12-21）

轴承座孔内压入用减摩材料制成的轴套，轴套上开有油孔，并在内表面上开油沟以输送润滑油。轴承座顶部设有装油杯的螺纹孔。安装时用螺栓与机架相联。整体式滑动轴承结构简单，制造方便，造价低廉。但轴颈只能从端部装入，安装和检修不便，轴承工作表面磨损后无法调整轴承间隙，故多用于低速轻载和间歇工作的简单机械中。

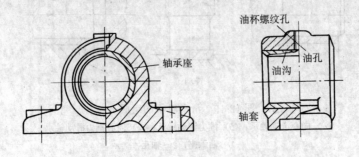

图 12-21 整体式向心滑动轴承

2. 剖分式向心滑动轴承（图 12-22）

剖分式向心滑动轴承通常由轴承座 1、轴承盖 3、剖分轴瓦 6、垫片 2 和螺栓 5 等组成。轴承座和轴承盖的剖分面做成阶梯形的配合止口，以便定位和避免螺栓承受过大的横向载荷。轴承盖顶部有螺纹孔，用以安装油杯。在剖分面间放置调整垫片，以便安装时或磨损后调整轴承的间隙。轴承座和轴承盖一般用铸铁制造，在重载或有冲击时可用铸钢制造。部分式轴承装拆方便，易于调整间隙，应用广泛。

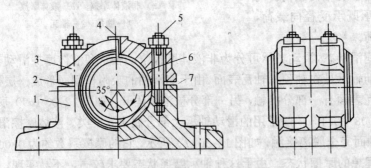

图 12-22 剖分式向心滑动轴承

1—轴承座；2—垫片；3—轴承盖；4—螺纹孔；5—螺栓；6—部分轴瓦；7—止口

3. 调心式向心滑动轴承（图 12-23）

当轴径很长（长径比 $l/d > 1.5$）、变形较大或不能保证两轴承孔的轴线重合时，由于轴的偏斜，易使轴瓦（套）孔的两端严重磨损。为了避免上述现象的发生，常采用调心式滑动轴承。这种轴承的轴瓦与轴承座和轴承盖之间采用球面配合，球面中心线位于轴颈的轴线上。这样轴瓦可以自动调位，以适用轴颈的偏斜。这种结构承载能力较大。

（三）轴承材料和轴瓦结构

1. 轴承材料

轴瓦和轴承衬的材料统称为轴承材料。轴承材料应满足下列要求：具有足够的强度，较低的摩擦系数，良好的减磨性，容易饱和、导热、防腐蚀和抗胶合，易加工，成本低。常用的轴承材料有以下几种：

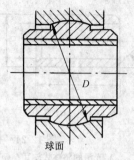

图 12-23　调心式滑动轴承

(1) 轴承合金（巴氏合金或白合金）它是锡、锑、铅、铜的合金，又分为锡锑轴承合金和铅锑轴承合金两类。它们各以较软的锡或铅作基体，均匀夹着锑锡和铜锡的硬晶粒。轴承合金具有良好的顺应性、嵌藏性、抗胶合性和减磨性。但价格贵、强度较低，不便单独作成轴瓦，只能作成轴承衬，将其贴附在钢、铸铁或青铜的瓦背上使用。主要用于重载、高速的重要轴承，如汽车、内燃机中滑动轴承的轴承衬。

轴承合金熔点低，只适用于 150℃ 以下工作。

(2) 铸造青铜　它是常用的轴瓦（套）材料，其中以锡青铜和铅青铜应用普遍。中速、中载的条件下多用锡锌铅青铜；高速、重载用锡磷青铜，高速、冲击或变载时用铅青铜。

(3) 铝合金　铝合金强度高、耐蚀、导热性好。它是近年来应用日渐广泛的一种轴承材料。在汽车和内燃机等机械中应用较广。使用这种轴瓦时，要求轴颈表面硬度高、表面粗糙度小，且轴颈与轴瓦的配合间隙要大一些。

(4) 铸铁　铸铁内含有游离石墨，故有良好的减磨性和工艺性，但性脆，只宜用于轻载、低速（$v<1\sim3m/s$）和无冲击的场合。

(5) 粉末冶金材料　它是将不同的金属粉末压制烧结而成的轴承材料。这是一种多孔结构材料、吸油能力强，润滑条件好，适用于载荷平稳、转速不高、加油困难的场合。常用的粉末冶金材料有铁—石墨和青铜—石墨两种。

(6) 非金属材料　石墨、橡胶、塑料、尼龙都具有较好的耐磨性，是近年来发展起来的一种新型轴承材料。

2. 轴瓦（套）的结构

轴瓦和轴颈直接接触，它的工作面既是承受载荷的表面，又是摩擦表面，所以轴瓦（套）是滑动轴承的重要零件。它的结构是否合理，对滑动轴承的性能有很大影响。

(1) 轴瓦的形式和构造

常用的轴瓦有整体式和剖分式两类结构。整体式轴瓦又称轴套，它分光滑的（图 12-14 (a)）和带纵向油沟的（图 12-24 (b)）两种。图 12-25 所示为剖分式轴瓦，由上、下两个半瓦组成，下瓦承受载荷，上瓦不承受载荷。轴瓦两端凸缘用来限制轴瓦轴向窜动，并在剖分面上开有轴向油沟。

为了改善和提高轴瓦的承载性能和耐磨性，节约贵重的减磨材料，常制成双金属或三金属轴瓦。为保证轴承衬贴附牢固，可在瓦背内表面预制出各种形式的沟槽。

(2) 轴瓦的定位与轴承座的配合

为防止轴瓦在轴承座中沿轴向和周向移动，可将其两端做出凸缘（图 12-25）作轴向定位，或用销钉、紧定螺钉将其固定在轴承座上。

为提高轴瓦的刚度、散热性能，并保证轴瓦与轴承的同心性，轴瓦与轴承座应配合紧密，一般可采用较小过盈量的配合。

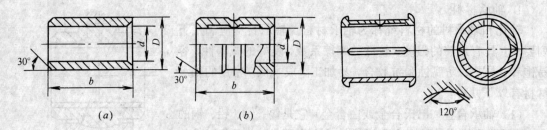

图 12-24 整体式轴瓦

(a) 光滑的整体式轴瓦; (b) 带纵向油沟的整体式轴瓦

图 12-25 剖分式结构

(3) 油孔及油沟

在轴瓦上开设油孔用以供应润滑油,油沟则用来输送和分布润滑油。图 12-26 所示为几种常见的油孔和油沟。油孔和油沟一般应开在非承载区或压力较小的区域,以利供油。油沟的棱角应倒钝以免起刮油作用。为了减少润滑油的泄漏,油沟长度应稍短于轴瓦。

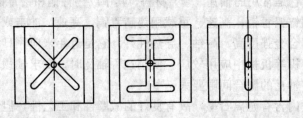

图 12-26 油孔和油沟形式

二、滚动轴承

(一) 滚动轴承的构造及特点

1. 滚动轴承的构造

如图 12-27 所示,滚动轴承由外圈 1、内圈 2、滚动体 3 和保持架 4 等组成。内、外圈上的凹槽形成滚动体圆周运动的滚道;保持架的作用是把滚动体均匀隔开,以避免它们相互摩擦和聚积到一块;滚动体是轴承的主体;它的大小,数量和形状与轴承的承载能力密切相关。滚动体的形状如图 12-28 所示。

使用时,内圈装在轴颈上,外圈装入机架孔内(或轴承座孔内)。通常内圈随轴一起旋转,而外圈固定不动。也有外圈随工作零件旋转而内圈固定不动的。

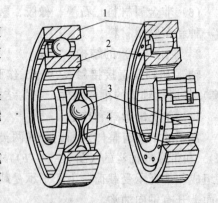

图 12-27 滚动轴承的构造

1—外圈; 2—内圈; 3—滚动体; 4—保持架

2. 滚动轴承的优缺点

与滑动轴承相比较,滚动轴承的主要优点是:

(1) 摩擦阻力小,因而灵敏、效率高和发热量小,并且润滑简单,耗油量小,维护保养方便;

(2) 轴承径向间隙小,并且可用预紧的方法调整间隙,以提高旋转精度;

(3) 轴向尺寸小,某些滚动轴承可同时承受径向载荷与轴向载荷,故可使机器结构简化、紧凑;

166

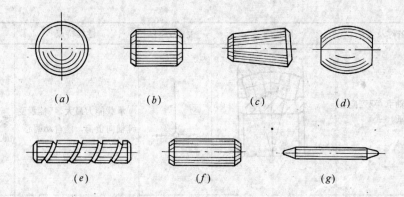

图 12-28　滚动体的形状

(*a*) 滚球；(*b*) 圆柱滚子；(*c*) 圆锥滚子；(*d*) 鼓形滚子；

(*e*) 螺旋滚子；(*f*) 长圆柱滚子；(*g*) 滚针

（4）滚动轴承是标准件，可由专门工厂大批生产供应，使用、更换方便。

滚动轴承的主要缺点是：抗冲击性能差，高速时噪音大，工作寿命较低。

（二）滚动轴承的基本类型和特点

我国滚动轴承标准中，按其所能承受的载荷方向，滚动体的类型和轴承工作时能否调心，将滚动轴承分为十大类，其名称、代号、性能、特点及应用见表12-1。

滚动轴承的主要类型和特性　　　　　　　　　　　表 12-1

类型、名称及代号	结构简图	受载方向	性能特点	适用条件
深沟球轴承（单列向心球轴承） 0000			当量摩擦系数最小，高转速时可用来承受不大的纯轴向负荷	适用于刚性较大的轴
调心球轴承（双列向心球面球轴承） 1000			不能承受纯轴向负荷，能自动调心	适用于多支点传动轴，刚性小的轴以及难以对中的轴
圆柱滚子轴承 2000			内外圈可以分离，滚子用内圈凸缘定位，内外圈允许少量的轴向移动	适用于刚性很大，对中良好的轴

类型、名称及代号	结构简图	受载方向	性能特点	适用条件
调心滚子轴承（双列向心球面滚子轴承）。 3000			承载能力最大，不能承受纯轴向负荷，能自动调心	常用于其它种类轴承不能胜任的重载情况
滚子轴承 4000			径向尺寸最小，径向承载能力很大，摩擦系数较大，旋转精度低	适用于径向负荷很大而径向尺寸受限制的地方
螺旋滚子轴承 5000[①]			窄钢带卷成的空心滚子有弹性，可承受径向冲击，内外圈轴线偏移，敏感性低，径向尺寸较小	适用于经常受不大的径向冲击且转速不高的支承
角接触球轴承 6000 ($\alpha=12°$) 36000 ($\alpha=120°$) 46000 ($\alpha=26°$) 66000 ($\alpha=36°$)			可同时承受径向负荷和轴向负荷，也可承受纯轴向负荷，6000型内、外圈可分别安装	适用于刚性较大跨距不大的轴及须在工作中调整游隙时
圆锥滚子轴承 7000[②] ($\alpha=11°\sim16°$) 27000 ($\alpha=25°\sim29°$)			内外圈可分离，游隙可调。7000型不宜承受纯轴向负荷，27000型不宜承受纯径向负荷；摩擦系数大	适用于刚性较大的轴

168

类型、名称及代号	结构简图	受载方向	性能特点	适用条件
推力球轴承 8000 双向推力球轴承 38000			轴线必须与轴承底座底面垂直，不适用于高转速	常用于起重机吊钩、蜗杆轴、锥齿轮轴、机床主轴等
推力圆柱滚子轴承 9000 推力调心滚子轴承 39000			较8000型能承受较大的轴向力。39000型同时能受少量径向力，极限转速比8000型高。有自动调心作用，价格高	适用于重负荷 适用于重负荷和要求调心性能好的场合

① 在 GB271—87 中已不作为一大类。

② 1984 年以后，7000 型轴承将逐步由 7000E 型取代，7000E（GB297—84）型较 7000 型结构更合理，承载能力有较大提高，但两者安装尺寸相同。7000E 称为加强型圆锥滚子轴承。

（三）滚动轴承的代号

滚动轴承的代号由前置代号和基本代号构成。当轴承零件材料、结构、设计及技术条件改变时，需增加补充代号。其表示方法见表 12-2。

轴 承 代 号 表 示 法　　　　表 12-2

前置代号		基本代号						补充代号		
数字	字母	七位数字表示，代号中数字的位置从右数						用字母和数字表示		
×	〔〕	七	六	五	四	三	二　　一			
轴承游隙	轴承公差等级	宽度系列	轴承结构形式	轴承类型	直径系列	轴承内径		轴承零件材料、结构及设计技术条件改变		

1. 基本代号

滚动轴承基本代号由七位阿拉伯数字组成，用各位数的数字表示轴承类型、尺寸、结构型式等。

(1) 内径尺寸及代号

用右起第一、二位数字表示轴承的内径尺寸，其表示方法见表12-3。

滚动轴承内径尺寸代号   表 12-3

内径代号	00	01	02	03	04～99
轴承内径（mm）	10	12	15	17	内径代号数字×5

注：内径小于10mm和等于或大于500mm的滚动轴承，标准中另有规定。

(2) 直径系列代号

用右起第三位数字表示直径系列。所谓直径系列是指轴承在内径相同时的各种不同大小的外径和宽度，分为超轻、特轻、轻、中、重等系列。图 12-29 所示是内径为 30mm 的滚动轴承，各种不同型号外径的对比。

(3) 轴承类型代号

用右起第四位数字表示轴承类型

(4) 结构形式代号

用右起第五、六位数字表示轴承

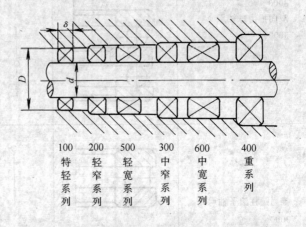

图 12-29　滚动轴承直径系列的对比

结构上的某些特点，目前尚无一个规律性的表示方法，只有参看轴承产品样本。正常结构时第五、六位数字为零。

(5) 宽度系列代号

用右起第七位数字表示轴承宽度系列。宽度系列表示同一内径和外径的轴承，有各种不同的宽度。各类轴承采用的是"0"宽度系列。

2. 前置代号

由一个数字和一个拉丁字母组成，分别表示轴承径向游隙的组别和轴承公差等级（精度等级）。基本游隙组用"0"表示。轴承公差等级有 B、C、D、E、G 五个级别，依次由高到低，G 级为普通级，应用最广。规定轴承代号中"G"可省略不写。

3. 补充代号

通常由一个字母后跟一个数字组成，作为轴承补充代号。对轴承零件的材料、结构和工艺上的一些特殊要求作补充说明，见表12-4。

轴 承 的 补 充 代 号   表 12-4

补充代号	内　　容	补充代号	内　　容
W	实体保持架由黑色金属制造	L	实体保持架由铝合金制造
Q	实体保持架由青铜制造	J	实体保持架由酚醛胶布管（棒）制造
H	实体保持架由黄铜制造	A	实体保持架由工程塑料（不包括酚醛胶布）制造

轴承代号的前段，中段和后段，以中段基本代号最为常用，尤其是基本代号的后四位数，代表了常用轴承的主要特征，一定要掌握其意义和用法。标准中规定，如果基本代号中从左到右开头几位数字均为零，这些"零"均可省略不写。代号举例如下：

209——只有基本代号后三位数字，表示内径为 $5 \times 9 = 45mm$，轻窄系列的深沟球轴承，正常结构，公差等级为 G。

7206——表示内径为 30mm，轻窄系列圆锥滚子轴承，$\alpha = 11° \sim 16°$，正常结构，公差等级为 G。

C36308J——表示内径为 40mm，中窄系列角接触球轴承，$\alpha = 12°$，公差等级为 C，J 表示轴承的保持架是用酚醛胶布制造的实体保持架。

（四）滚动轴承的类型选择

滚动轴承是标准件，选用滚动轴承时，首先要综合考虑轴承所受负荷、轴承转速、轴承调心性能要求等，再参照各类轴承的特性和用途，正确合理地选择轴承类型。其选用原则如下：

1. 轴承所受负荷的大小、方向和性质，是选择轴承类型的主要依据。

当承受较大负荷时，应选用线接触的各滚子轴承。而点接触的球轴承只适用于轻载或中等负荷；当承受纯径向负荷时，通常选用深沟球轴承和各类径向接触轴承；当承受纯轴向负荷时，通常选用推力球轴承或推力圆柱滚子轴承。当承受较大径向负荷和一定轴向负荷时，可选用各类向心角接触轴承；当承受的轴向负荷比径向负荷大时，可选用推力角接触轴承，或者采用向心和推力两种不同类型轴承的组合，分别承担径向和轴向负荷；负荷平稳宜选用球轴承，轻微冲击时选用滚子轴承，径向冲击较大时应选用螺旋滚子轴承。

2. 轴承的转速

各类轴承都有其适用的转速范围，一般应使所选轴承的工作转速不超过其极限转速。各种轴承的极限转速见有关手册。根据轴承转速选择轴承时，可参考以下几点：（1）球轴承比滚子轴承有较高的极限转速和回转精度，高速时应优先选用球轴承；（2）推力轴承的极限转速都较低，当工作转速高时，若轴向载荷不十分大，可采用角接触球轴承承受纯轴向负荷；（3）高速时，宜选用超轻、特轻及轻系列轴承（离心惯性力小），重系列轴承只适用于低速重载的场合。

3. 调心性能要求

当支承跨距大，轴的弯曲变形大，或两轴承座孔的同心度误差太大时，要求轴承有较好的调心性能，这时宜选用调心球轴承或调心滚子轴承，且应成对使用。各类滚子轴承对轴线的偏斜很敏感，在轴的刚度和轴承座孔的支撑刚度较低的情况下，应尽量避免使用。各类轴承的工作偏斜角应控制在允许范围内。

4. 经济性

同等规格同样公差等级的各种轴承，球轴承较滚子轴承价廉，调心滚子轴承最贵。同型号的 G、E、D、C 级轴承，它们的价格比约为 1：1.8：2.7：7。派生型轴承的价格一般又比基本型高。在满足使用要求的前提下，应尽量选用精度低、价格便宜的轴承。

此外，还应考虑安装尺寸和装拆等方面的要求。

第四节 联 轴 器

联轴器是用于把两轴牢固的联接在一起,以传递扭矩和运动的部件。根据工作性能,联轴器可分为刚性联轴器和弹性联轴器两大类。刚性联轴器又有固定式和可移式之分。固定式刚性联轴器构造简单,但要求被联接的两轴严格对中,而且在运转时不得有任何相对移动。可移性刚性联轴器,则可补偿两轴在工作中发生的一定限度内的相对位移和偏斜。弹性联轴器靠弹性元件的弹性变形,补偿两轴线的相对位移,同时它还具有缓冲和吸振的能力。

一、刚性联轴器

(一) 固定式刚性联轴器

固定式刚性联轴器中应用最广的是凸缘联轴器,如图 12-30 所示,它是利用螺栓联接两半联轴器来联接两轴。两半联轴器端面有对中止口,以保证两轴对中。

固定式刚性联轴器全部零件都是刚性的,所以在传递载荷时,不能够缓和冲击和吸收振动,它的优点是结构简单,价格低廉。

(二) 可移式刚性联轴器

刚性可移式联轴器的特点是允许被连接的两根轴间有一定的相对位移。刚性可移性联轴器的种类很多,应用很广。现介绍几种常见的联轴器。

1. 齿轮联轴器

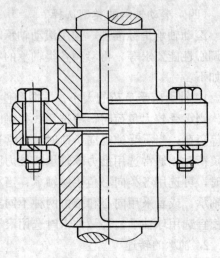

图 12-30 凸缘联轴器

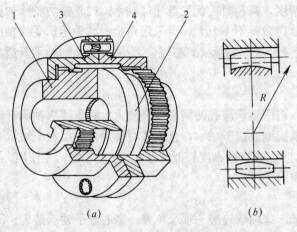

(a)   (b)

图 12-31 齿轮联轴器
1、2—轴套;3、4—外壳

图 12-31(a) 为齿轮联轴器。它是由两个带有内齿的外壳 3、4 和带有外齿的轴套 1、2 所组成。两个轴套分别用键与两轴联接,两外壳用螺栓联接成一体,通过内、外齿相互啮合来传递转矩,轮齿的齿廓为渐开线,并且内齿和外齿的齿数相同。为了使齿轮联轴器能较好地补偿两轴的综合位移,两半联轴器的啮合齿间留有较大的齿侧间隙,并将外齿轮齿顶制成球面或将轮齿制成鼓形齿,如图 12-31(b) 所示。

齿轮联轴器的优点是转速高(可达 3500r/min),能传递很大的转矩(可达 1000kN·m),并能补偿较大的综合位移。缺点是重量大、成本高,因此多用在重型机械。

2. 十字联轴器

如图 12-32 所示，它是由两个端面开有凹槽的套筒和一个两端有凸榫的中间圆盘组成。两凸榫中线互相垂直并通过圆盘中心。工作时，中间圆盘的凸榫在凹槽中滑动以补偿轴线偏斜误差。这种联轴器适用于无冲击振动，两轴线间的径向误差较大，转速较低（$n \leqslant 100 \sim 250 \mathrm{r/min}$）的场合。

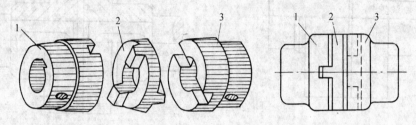

图 12-32　十字滑块联轴器

1、3—套筒；2—中间圆盘

3. 万向联轴器

它由两个叉形零件、一个十字形联接件和销轴等构成，图 12-33 所示为单万向联轴器，其两轴间的交角 α 最大可达 45°，缺点是主动轴转动时，被动轴的角速度不稳定。要使被动轴的角速度保持不变，可采用双万向联轴器。图 12-34。

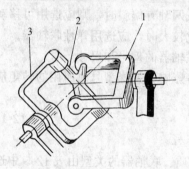

图 12-33　单万向联轴器

1、3—叉形零件，2—十字形零件

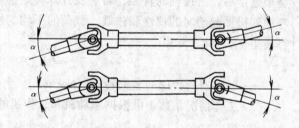

图 12-34　双万向联轴器

二、弹性联轴器

弹性联轴器包含有各种弹性零件的组成部分，因而在工作中具有较好的缓冲和吸振能力。

弹性圈柱销联轴器是机器中常用的一种弹性联轴器，如图 12-35 所示。它的主要零件是弹性橡胶圈、柱销和两个法兰盘。每个柱销上装有好几个橡胶圈，插到法兰盘的销孔中，从而传递转矩。弹性圈柱销联轴器适用于正反转变化多、起动频繁的高速轴联接，如电动机、水泵等轴的联接，可获得较好的缓冲和吸振效果。

尼龙柱销联轴器和上述弹性圈柱销联轴器相似（见图 12-36），只是用尼龙柱销代替了橡胶圈和钢制柱销，其性能及用途与弹性圈柱销联轴器相同。由于结构简单，制作容易，维护方便，所以常用它来代替弹性圈柱销联轴器。

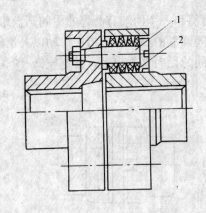

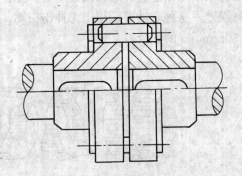

图 12-35 弹性圈柱销联轴器

1—柱销；2—弹性圈

图 12-36 尼龙柱销联轴器

三、联轴器的选择

联轴器的选用主要是类型选择和尺寸选择。

根据所传递载荷的大小及性质，轴转速的高低，被联接两部件的安装精度和工作环境等，参考各类联轴器的特性，选择一种适用的联轴器类型。

一般对于低速、刚性大的短轴，或两轴能保证严格对中，载荷平稳或变动不大时，则应选用固定式刚性联轴器；对于低速、刚性小的长轴，或两轴有偏斜时，则应选用可移动刚性联轴器；若经常起动、制动、频繁正反转或载荷变化较大时，应选用弹性联轴器。

类型选定后，再按轴的直径、转速及计算转矩选择联轴器的型号和尺寸。

考虑到机器起动时的惯性和过载、载荷的不均匀性等影响，选择型号时所用的转矩应是计算转矩 T_{ca}，计算转矩

$$T_{ca} = K_A T \tag{12-1}$$

式中　T——联轴器所传递的名义转矩（N·m）

　　　K_A——工作情况系数，可根据原动机和工作机的性质、联轴器的类型由表 12-5 中选取。

工作情况系数（原动机为电动机时）　　　　　　　　　　表 12-5

工　作　机	K_A
皮带运输机、鼓风机、连续运转的金属切削机床	1.25～1.5
链式运输机、刮板运输机、螺栓运输机、离心式泵、木工机床	1.5～2.0
往复运动的金属切削机床	1.5～2.5
往复式泵、往复式压缩机、球磨机、破碎机、冲剪机	2.0～3.0
起重机、开降机、轧钢机、压延机	3.0～4.0

注：1. 当原动机为往复式发动机时，表中的 K_A 值应增加 50%～70%；

　　2. 对于刚性联轴器，取较大值；对于弹性联轴器，取较小值。

习　题

1. 怎样区别转轴、传动轴和心轴？试各举一例。

2. 轴的合理结构应满足哪些基本要求？零件在轴上的轴向和周向常用的固定方法有哪几种？

3. 平键、半圆键、楔键、花键等联接的用途有什么不同？普通平键有哪几种？各应用于什么场合？

4. 试述液体摩擦滑动轴承和非液体摩擦滑动轴承的主要特征和区别，非液体摩擦滑动轴承的特点和应用。

5. 试述整体式、剖分式、调心式滑动轴承的构造和应用特点。

6. 常用的轴承材料有哪几种？主要性能和特点如何？

7. 滚动轴承由哪些基本元件组成，各自有何作用？与滑动轴承相比较，滚动轴承有哪些优缺点？

8. 试说明下列各滚动轴承代号的含义，并说明这几种轴承承受径向和轴向负荷的能力如何？哪几种轴承不适于高速？

108，D2120，7305，8213，38220，46316，C31308J，C3182118

9. 选用滚动轴承应考虑哪些因素？

10. 齿轮联轴器是怎样补偿径向和角动位移的？弹性联轴器的基本特点是什么？

第十三章 螺纹联接

利用带螺纹的零件，把需要相对固定在一起的零件联接起来，称为螺纹联接。螺纹联接是一种可拆联接，其结构简单，型式多样，联接可靠，装拆方便，且多数螺纹零件已标准化，因而应用十分广泛。

第一节 螺 纹

一、螺纹的分类及用途

根据牙形，螺纹可分为三角螺纹、矩形螺纹、梯形螺纹和矩齿形螺纹等，如图13-1所示。由于三角形螺纹之间的摩擦力大，自锁性好，联接牢固可靠，所以它主要用于联接。其它几种螺纹牙型斜角小，当量摩擦系数小，效率高，故均用于传动。由于梯形螺纹易于制造和对中，牙根强度高，所以它是应用广泛的一种传动螺纹。

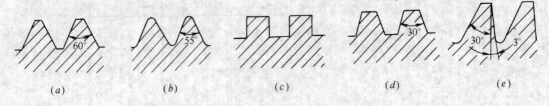

图 13-1 常用螺纹的牙形

(a) 三角螺纹；(b) 管螺纹；(c) 矩形螺纹；(d) 梯形螺纹；(e) 锯齿形螺纹

按螺旋线的绕行方向可分为右旋和左旋螺纹，一般多用右旋，特殊需要时用左旋。按螺旋线的数目可分为单线和多线螺纹。单线螺纹多用于联接，多线螺纹多用于传动。

在我国将牙型角为60°的三角螺纹，称为普通螺纹。同一公称直径的普通螺纹，按螺距的大小又分为粗牙和细牙两种。螺距最大的一种是粗牙，其余为细牙。一般联接多用于粗牙螺纹。细牙螺纹的牙浅、升角小，因而自锁性好，螺杆强度高，常用在薄壁零件或受冲击、振动的联接，以及精密机构的调整零件上。但细牙螺纹不耐磨，易滑丝，不宜经常装拆。

管螺纹通常是英制细牙三角形螺纹，牙型角 $\alpha = 55°$。它是用于管件联接的紧密螺纹，内、外螺纹旋合后牙型间无径向间隙，公称直径为管子内径。此外，还有圆锥管螺纹，它的紧密性更好，用于紧密性要求较高的联接。

二、螺纹的主要参数（图13-2）

(1) 大径 d（或 D） 与外螺纹牙顶或内螺纹牙底相重合的假想圆柱面的直径，称为公称直径。

(2) 小径 d_1（或 D_1） 与外螺纹牙底或内螺纹牙顶重合的假想圆柱面的直径。

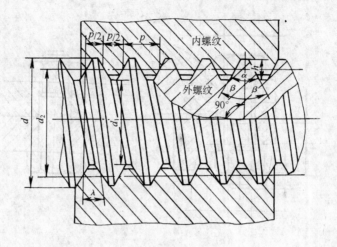

图 13-2　螺纹的主要参数

（3）中径 d_2（或 D_2）　在轴向剖面内，牙厚等于牙间距的假想圆柱面的直径，近似取 $d_2 =（d + d_1）/2$。

（4）螺距 p　相邻两牙在中径线上对应两点间的轴向距离。

（5）螺旋线数 n　螺纹螺旋线的数目，一般 $n \leqslant 4$。

（6）导程 L　同一条螺旋线上，相邻两牙在中径线上对应两点间的轴向距离，$L = np$。

（7）螺纹升角 λ　在中径圆柱面上，螺旋线的切线与垂直于螺纹轴线的平面间的夹角。

$$\tan\lambda = np/\pi d_2$$

（8）牙型角 α　轴剖面内，相邻螺纹牙侧间的夹角。

（9）牙型斜角 β　轴剖面内螺纹牙侧边与轴线的垂线间的夹角。对称牙型 $\beta = \alpha/2$。

第二节　螺　纹　联　接

一、螺纹联接的基本类型

螺纹联接的基本类型有螺栓联接、双头螺柱联接、螺钉联接和紧定螺钉联接等。

（一）螺栓联接

1. 普通螺栓联接（图 13-3（a））

普通螺栓联接是用螺栓穿过被联接件上的通孔，套上垫圈，再拧上螺母的联接。联接的特点是孔壁与螺栓杆之间留有间隙，故通孔的加工精度要求低，且联接不受材质的限制，结构简单，装拆方便。主要用于被联接件不太厚并能从联接两边进行装拆的场合。这种联接不管传递的载荷是何种形式，螺栓都是受拉伸，故又称受拉螺栓联接。

2. 配合螺栓联接（图 13-3（b））

螺栓的光杆部分和被联接件的通孔都需经精加工并有一定的配合，故能精确地固定被联接件的相对位置，但成本高。它用于载荷大，冲击严重，要求良好的对中的场合。这种螺栓工作时承受剪切和挤压，故又称受剪螺栓。

（二）双头螺柱联接（图 13-4）

双头螺柱的两端均有螺纹。联接时把螺纹短的一端拧紧在被联接件的螺孔内，靠螺纹

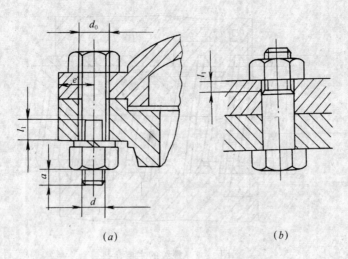

(a)   (b)

图 13-3　螺栓联接

(a) 普通螺栓联接；(b) 配合螺栓联接

尾端的过盈而紧定，然后放上第二个被联接件，最后套上垫圈拧上螺母以实现联接。拆卸时只需拧下螺母，螺柱仍留在螺纹孔内，故螺纹不易损坏。这种联接用于被联接件之一太厚，不便穿孔，并且需经常拆卸或因结构限制不易采用螺栓联接的场合。

（三）螺钉联接（图 13-5）

这种联接不用螺母，而是把螺钉直接拧入被联接件的螺纹孔中。它适用于被联接件之一较厚，但不需经常装拆的场合。

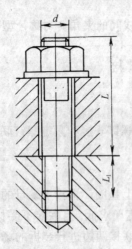

图 13-4　双头螺柱联接

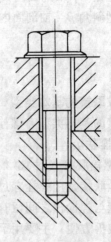

图 13-5　螺钉联接

（四）紧定螺钉联接（图 13-6）

这种联接利用紧定螺钉旋入一零件，并以其末端顶紧另一零件，以固定两零件的相互位置，可传递不大的力和转矩。它多用于轴和轴上零件的联接。

二、联接零件

（一）螺栓

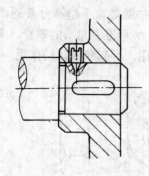

图 13-6　紧定螺钉联接

按加工精度不同，螺栓分为粗制和精制两种。粗制螺栓的毛坯用锻压方法制出，头部和栓杆不切削，螺纹用切削法或滚压法制成。粗制螺栓因精度低在机械中应用较少。精制螺栓的制造精度较高，应用较广。铰制孔用螺栓只用精制螺栓。

螺栓根据工作时主要受力状态分为受拉的普通螺栓（图13-7（a））和受剪切的铰制孔螺栓（图13-7（c））。螺栓以适应不同结构的需要型式很多，如螺杆带孔的螺栓（图13-7（b））是与槽形螺母和开口销配合使用的。

（二）双头螺柱

双头螺柱的两端都有螺纹（如图13-4）。旋入被联接件螺纹孔的一端称为座端，另一端为旋入螺母端。

（三）螺钉

螺钉的结构与螺栓基本相似（如图13-5），但头部形状较多，以适应不同的装配空间、拧紧程度和机械结构上的需要。

（四）紧定螺钉

紧定螺钉的种类很多，常用的紧定螺钉的构造如图13-8所示。紧定螺钉头部结构有开槽头和内六角头（图13-8（a）），以适应不同拧紧力矩的要求。端部结构有锥端、平端、凹端、圆柱端（图13-8（b）），以适应不同的支承面。

（五）螺母

螺母按外形可分为圆螺母（图13-9）、六角螺母（图13-10）和方螺母等，其中应用最多的是六角螺母。六角扁螺母用于空间受到限制的联接；六角厚螺母用于经常拆卸易于磨损的联接。圆螺母常用于轴上零件的轴向定位。

（六）垫圈

垫圈的作用是增大被联接件的支承面，降低支承面的压强，

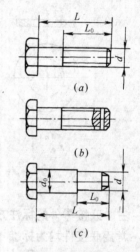

图 13-7　螺栓的型式

（a）普通螺栓；（b）螺杆带孔螺栓；

（c）铰制孔螺栓

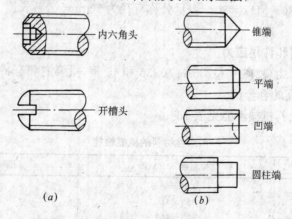

图 13-8　紧定螺钉

（a）紧定螺钉的头部结构；（b）紧定螺钉的端部结构

防止拧紧螺母时，擦伤被联接件的表面。垫圈有平垫圈和弹簧垫圈等。平垫圈分普通型（图13-11（a））和倒角型（图13-11（b））两种。平垫圈与A、B级标准六角头的螺栓、螺母、螺钉配合使用。弹簧垫圈（图13-11（c））与螺母等配合使用，可起摩擦防松作用。

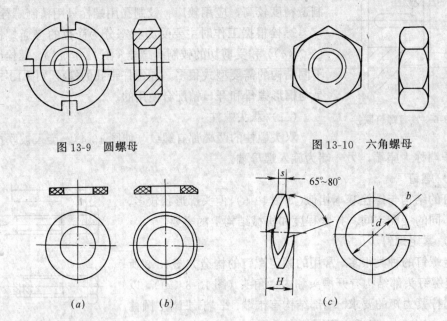

图 13-9　圆螺母　　　　　　　　　　图 13-10　六角螺母

（a）　　　　　　　（b）　　　　　　　　（c）

图 13-11　垫圈
(a) 普通型；(b) 倒角型；(c) 弹簧垫圈

三、联接零件的标注方法

常用联接件均为标准零件，使用时一般只写出其代号即可。下面介绍几种螺栓联接件的标注方法。

螺栓GB5782—86—M12×80　　表示公称直径为12mm，公称长度为80mm的六角头螺栓。

螺栓GB5783—86—M12×80　　表示公称直径为12mm，公称长度为80mm的六角头全螺栓。

四、螺栓的材料和许用应力

螺栓的常用材料为Q215A、Q235A、10、35和45钢，重要的和有特殊要求的采用15Cr、40Cr等机械性能较高的合金钢。

螺栓常用材料及其机械性能见表13-1。

螺栓材料的机械性能　　　　　　　　　　　　　表 13-1

钢　　号	抗拉强度 σ_b（MPa）	屈服极限 σ_s（MPa）
10	235	205
Q215A	335～410	215
Q235A	375～460	235
35	530	315
45	600	355
40Cr	980	785

螺栓的许用应力与螺栓材料的机械性能、载荷性质以及是否控制预紧力有关。受拉螺栓的许用应力 $[\sigma]=\sigma_s/S$，其中屈服极限 σ_s 由表13-1查取，安全系数见表13-2。

受拉螺栓联接的安全系数 S　　　　　　　　表 13-2

紧联接	控制预紧力	1.2～1.5				
	不控制预紧力	材料	静载荷		动载荷	
			M6～M16	M16～M30	M6～M16	M16～M30
		碳钢	4～3	3～12	10～6.5	6.5
		合金钢	5～4	4～2.5	7.5～5	5
松联接	1.2～1.7					

　　在静载荷作用下，配合螺栓联接的许用应力见表13-3。

配合螺栓联接的 $[\tau]$ 和 $[\sigma_P]$　　　　　　　表 13-3

材料的类别	许用剪应力 $[\tau]$	许用挤压应力 $[\sigma_P]$
钢	$[\tau]=\sigma_s/2.5$	$[\sigma_P]=\sigma_s/1.25$
铸铁		$[\sigma_P]=\sigma_s/2～2.5$

五、螺纹联接的防松装置

　　在静载荷下联接用的螺栓一般都有自锁性。但在冲击、振动和变载作用下或温度变化很大时，螺纹副有可能松动使联接失效甚至发生事故。因此为了防止联接松脱，保证联接安全可靠，在设计时必须采取有效的防松措施。

　　防松的根本问题在于防止已拧紧的螺纹副出现反向相对转动。防松的方法很多，按防松原理可分为摩擦防松、机械防松和永久防松。摩擦防松的基本原理，是使螺纹接触面间始终保持一定的压力，即经常有摩擦阻力矩防止反向转动。机械防松是利用一些简易止动件约束螺纹副的相对转动。这类防松比较可靠，适用于高速、冲击、振动的场合。永久防松是在拧紧后，利用焊接、冲点、粘结等办法破坏了螺纹副的关系，使之成为不可拆卸的联接。

　　常用的几种防松装置和防松方法见表13-4。

螺纹联接常用的防松方法　　　　　　　　表 13-4

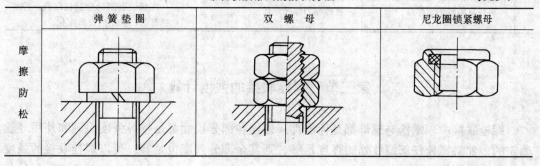

	弹簧垫圈	双螺母	尼龙圈锁紧螺母
摩擦防松			

	弹簧垫圈	双螺母	尼龙圈锁紧螺母
摩擦防松	弹簧垫圈的材料为弹簧钢,装配后被压平,其反弹力使螺纹间保持压紧力和摩擦力;同时切口尖角也有阻止螺母反转的作用 结构简单,尺寸小,工作可靠 应用广泛	利用两螺母的对顶作用,把该段螺纹拉紧,保持螺纹间的压力。由于得多用一个螺母,外廓尺寸大,且不十分可靠,目前已很少使用	利用螺母末端的尼龙圈箍紧螺栓,横向压紧螺纹

	槽形螺母和开口销	圆螺母和止退垫圈	串金属丝
机械防松			
	槽形螺母拧紧后,用开口销穿过螺栓尾部小孔和螺母槽,使螺母和螺栓不能产生相对转动 安全可靠,应用较广	使垫圈内舌嵌入螺栓或轴的槽内,拧紧螺母后将外舌之一折嵌于圆螺母槽内 常用于滚动轴承的固定	螺钉紧固后,在螺钉头部小孔中串入铁丝。但应注意串孔方向为旋紧方向 简单安全,常用于无螺母的螺钉组联接

	冲 点	焊 接	粘 合
永久防松			
	可在端面和侧面冲点	将螺母和螺栓焊住	在螺纹副间涂金属粘结剂,拧紧螺母后,粘结剂自行固化

第三节　螺栓联接的强度计算

螺栓联接中,螺栓与螺母都是标准件。螺栓各部分尺寸都是按等强度原则和使用经验确定的,如果螺栓杆部螺纹处的强度足够,则其余部分强度也足够。所以螺栓联接的强度实质是校核杆部螺纹处的强度。

螺栓联接按承受载荷前是否预紧,分为松螺栓联接和紧螺栓联接两大类进行强度计算。

一、松螺栓联接

装配时,螺栓联接未预紧的,称为松螺栓联接。图13-12所示的吊钩尾部螺栓,在装配时不用预紧,属松螺栓联接。螺栓承受的轴向力为Q,其强度条件为

$$\sigma = \frac{Q}{A} = \frac{Q}{\pi d_1^2/4} \leqslant [\sigma] \tag{13-1}$$

式中 Q——轴向拉力(N);

A——螺纹危险剖面的面积(mm^2);

d_1——螺纹小径(mm);

$[\sigma]$——松螺栓联接的许用应力,$[\sigma] = \dfrac{\sigma_s}{S}$,由表13-1和表

13-2查得,单位为MPa。

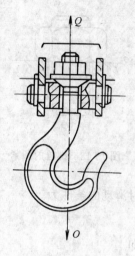

图13-12 松螺栓联接

在设计螺栓联接时,螺栓的内径d_1可根据式(13-1)得

$$d_1 \geqslant \sqrt{\frac{4Q}{\pi [\sigma]}} \tag{13-2}$$

求出d_1后,可由表13-5确定螺纹的公称直径d。表13-5是部分普通螺纹的基本尺寸。

普通螺纹基本尺寸(mm) 表 13-5

公称直径 D、d		粗　牙			公称直径 D、d		粗　牙		
第一系列	第二系列	螺距 p	中径 D_2、d_2	小径 D_1、d_1	第一系列	第二系列	螺距 p	中径 D_2、d_2	小径 D_1、d_1
5		0.8	4.480	4.134	20		2.5	18.376	17.294
6		1	5.350	4.918		22	2.5	20.376	19.294
8		1.25	7.188	6.647	24		3	22.051	20.752
10		1.5	9.026	8.376		27	3	25.051	23.752
12		1.75	10.863	10.106	30		3.5	27.727	26.211
	14	2	12.701	11.835		33	3.5	30.727	29.211
16		2	14.701	13.835	36		4	33.402	31.670
	18	2.5	16.376	15.294		39	4	36.402	34.670

注:优先选用第一系列,其次是第二系列。

二、紧螺栓联接

(一)只受预紧力的紧螺栓联接

装配时,螺栓联接要预紧的,称为紧螺栓联接。图13-13所示的紧螺栓联接中,螺栓一方面受到预紧力Q_0的轴向拉伸,另一方面又因螺纹中的摩擦阻力矩的作用而受到扭转,故危险剖面上既有拉应力σ,又有剪应力τ。为了计算方便,仍按拉伸强度公式计算,考虑到扭转剪应力的影响,把螺栓所受到的轴向拉应力增大30%,作为其危险剖面的组合应力σ_e。因此,只受预紧力Q_0作用的紧螺栓联接的强度条件为

$$\sigma_e = 1.3 \frac{4Q_0}{\pi d_1^2} \leqslant [\sigma] \tag{13-3}$$

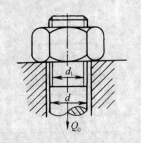

图 13-13　螺栓的预紧

式中　$[\sigma]$——螺栓许用力（MPa），$[\sigma]=\dfrac{\sigma_s}{S}$，屈服极限 σ_s，见表 13-1，安全系数见表 13-2。

（二）受横向工作载荷作用的紧螺栓联接

1. 普通螺栓联接

这种联接采用普通螺栓，螺栓与孔之间留有间隙，如图 13-14 所示。螺栓主要受预紧力 Q_0 的作用。工作时，依靠接合面间预紧力 Q_0 产生的摩擦力，来阻止因横向载荷 R（与螺栓轴线垂直的载荷）所引起的被联接件的相对滑动。由此可见被联接件不产生相对滑动的条件为

$$mQ_0 f = CR$$

即

$$Q_0 = \frac{CR}{mf} \tag{13-4}$$

式中　Q_0——单个螺栓的轴向预紧力（N）；

m——接合面数目；

f——接合面间的摩擦系数，对钢或铸铁 $f = 0.10 \sim 0.16$；

C——可靠系数，通常取 $1.1 \sim 1.3$。

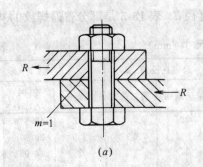

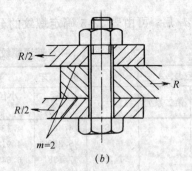

图 13-14　普通螺栓连接

承受横向工作载荷的螺栓，只需先由式（13-4）求得单个螺栓的轴向预紧力 Q_0，再由式（13-3）对其进行强度计算。

若取 $f = 0.15$，$C = 1.2$，$m = 1$，由式（13-4）可得 $Q_0 = 8R$。这说明靠摩擦力来承受横向载荷 R，需要 $8R$ 的轴向预紧力，这就增大了螺栓尺寸，所以普通螺栓一般不宜承受横向载荷。

2. 配合螺栓联接

这种联接采用配合螺栓，是靠螺栓杆受剪切和挤压来承受横向载荷 R 的，如图 13-15 所示。工作时，螺栓在接合面处受剪切，螺栓杆在与被联接件孔壁相接触的表面受挤压。因此强度计算准则为：螺栓按抗剪强度计算，螺栓杆与孔壁的接触表面按挤压强度计算。这种联接的螺栓，所受的预紧力较小，强度计算时可忽略不计。

螺栓杆的抗剪强度条件为

$$\tau = \frac{R}{m\pi d_0^2 / 4} \leqslant [\tau] \tag{13-5}$$

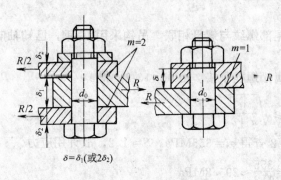

$\delta = \delta_1 (或 2\delta_2)$

图 13-15　配合螺栓联接

螺栓杆与孔壁接触表面抗挤压强度条件为

$$\sigma_P = \frac{R}{d_0 \delta} \leqslant [\sigma_P] \qquad (13\text{-}6)$$

式中　d_0——螺栓受剪处的直径（mm）；

　　　δ——受挤压面积最小的被联接件厚度（mm）；

　　　m——螺栓受剪面数；

　　　$[\tau]$——螺栓的剪切许用应力（MPa），见表 13-3；

$[\sigma_P]$——螺栓的挤压许用应力（MPa），见表 13-3。

（三）受预紧力和轴向工作载荷的螺栓联接

工作时，承受与螺栓轴线方向一致的载荷称为轴向载荷，用 Q_W 表示。这时，螺栓所受到的总拉力可由图 13-16 得到。

未拧紧螺母之前：螺栓与被联接件都不受力，没有变形（图 13-16（a））。

拧紧螺母后：螺栓受预紧拉力 Q_0，伸长量为 λ_1，被联接件受其反作用力，即预紧压力 Q_0，压缩量为 λ_2（图 13-16（b））。

联接承受工作载荷 Q_W：螺栓承受载荷 Q_W，继续伸长，其伸长量为 λ'，被联接件随着松开，其压缩量减少 λ'，还剩压缩量 $\lambda_r = \lambda_2 - \lambda'$（图 13-16（$c$））。$\lambda_r$ 称为残余压缩量，相应地被联接件承受的残余压力为 Q_r。为保证接合面压紧，必须保持一定的残余压力 Q_r，对于有紧密性要求的联接（如压力容器），$Q_r = (1.5 \sim 1.8) Q_W$；对于没有紧密性要求、但载荷有变动的联接，$Q_r = (0.6 \sim 1.0) Q_W$；对于静载荷联接 $Q_r = (0.2 \sim 0.6) Q_W$。这时螺栓所受总拉力 Q，是工作载荷 Q_W 和被联接件给螺栓的反作用力（数值上等于 Q_r）之和，即

$$Q = Q_W + Q_r$$

由式（13-3），可得螺栓螺纹部分强度条件为

$$\sigma_e = \frac{1.3Q}{\pi d_1^2 / 4} = \frac{1.3 (Q_W + Q_r)}{\pi d_1^2 / 4} \leqslant [\sigma] \tag{13-7}$$

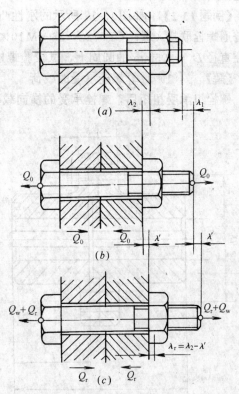

图 13-16　螺栓和被联接件的受力变形图
（a）未拧紧螺母；（b）拧紧螺母；（c）承受 Q_W

式中　$[\sigma]$——紧螺栓联接的许用拉应力（MPa），$[\sigma] = \dfrac{\sigma_s}{S}$，屈服极限 σ_s 见表 13-1，安

185

全系数见表 13-2。

【例题 13-1】 图 13-12 所示吊钩的尾部螺纹与螺母相联，吊钩采用 45 钢，已知轴向载荷 $Q=100$kN，试求该螺纹直径 d。

【解】 由于装配时不拧紧螺母，故属松螺栓联接。由式（13-2）得

$$d_1 \geqslant \sqrt{\frac{4Q}{\pi \ [\sigma]}}$$

螺纹部分材料为 45 钢，由表 13-1，表 13-2 查得 $\sigma_s=355$MPa，$S=1.2$，故许用应力

$$[\sigma] = \frac{\sigma_s}{S} = \frac{355}{1.2} \approx 295.8 \text{MPa}$$

代入上式

$$d_1 \geqslant \sqrt{\frac{4Q}{\pi \ [\sigma]}} = \sqrt{\frac{4 \times 100 \times 10^3}{\pi \times 295.8}} = 20.75 \text{mm}$$

由表 13-5 查得普通粗螺纹外径 $d=24$，其内径 $d_1=22.052$mm，与计算出的 $d_1=20.75$mm 接近，所以该螺纹的直径 $d=24$mm。

【例题 13-2】 如图 13-17 所示的刚性凸缘联轴器，传递的扭矩为 $T=180$N·m，用四个普通螺栓联接（螺栓 GB5782—86—M10×55），螺栓的材料屈服极限为 $\sigma_s=640$MPa，均布在直径 $D_1=105$mm 的圆周上，试校验螺栓的强度。

【解】 （1）计算螺栓承受的载荷

螺栓组承受扭矩后，螺栓承受的横向载荷为

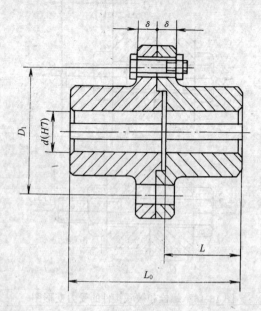

图 13-17　刚性凸缘联轴器

$$R = \frac{T}{D_1/2}$$

由式（13-4）得每个螺栓必需的轴向预紧力

$$Q_0 = \frac{CR}{mzf} = \frac{2CT}{mzfD_1}$$

接合面 $m=1$，取 $C=1.2$，$f=0.15$，代入上式得

$$Q_0 = \frac{2 \times 1.2 \times 180 \times 10^3}{1 \times 4 \times 0.15 \times 105} = 6857 \text{N}$$

（2）校验螺栓的强度

由表 13-2，按插值法查得 $S=3.6$，故许用应力

$$[\sigma] = \frac{\sigma_s}{S} = \frac{640}{3.6} = 178 \text{MPa}$$

由表 13-5，M10 的小径 $d_1=8.376$mm，由式（13-3）可求螺栓的组合应力

$$\sigma_e = \frac{1.3Q_0}{\pi d_1^2/4} = \frac{4 \times 1.3 \times 6857}{3.14 \times 8.376^2} = 162 \text{MPa}$$

因为 $\sigma_e \leqslant [\sigma]$，所以螺栓的强度满足要求。

【例题 13-3】 如图 13-18 所示的压力容器盖的螺栓联接，容器的内径 $D=200$mm，气压 $P=0.5$MPa，螺栓的个数 $z=10$，螺栓的材料为 Q235，装配时不控制预紧力，试计算螺

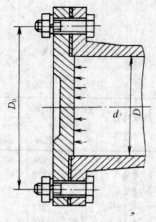

图 13-18　低压容器

纹的直径。

【解】　（1）计算螺栓承受的载荷

气体作用于容器盖的总压力 P

$$P=\frac{\pi D^2}{4}p=\frac{3.14\times200^2}{4}\times0.5=15700\text{N}$$

螺栓组中每个螺栓承受的工作载荷 Q_w

$$Q_w=\frac{P}{z}=\frac{15700}{10}=1570\text{N}$$

由于压力容器的紧密性要求，故取残余压力 $Q_r=1.7Q_w$，因此每个螺栓承受的总拉力 Q

$$Q=Q_w+Q_r=2.7Q_w=2.7\times1570=4239\text{N}$$

（2）确定螺纹的直径

初选螺纹 M10，材料为 Q235，由表 13-1、表 13-2 查得 $\sigma_s=235\text{MPa}$，$S=3.6$，则螺栓的许用应力

$$[\sigma]=\frac{\sigma_s}{S}=\frac{235}{3.6}=64.4\text{MPa}$$

由表 13-5 查得 $d_1=8.376\text{mm}$。由式（13-7）得螺栓的组合应力

$$\sigma_e=\frac{1.3Q}{\pi d_1^2/4}=\frac{1.3\times4239\times4}{3.14\times8.376^2}=100.1\text{MPa}$$

$\sigma_e>[\sigma]$，螺栓强度不够。

重选螺纹 M12，按上述步骤计算，$S=3.4$，$d_1=10.106\text{mm}$。

$$[\sigma]=\frac{\sigma_s}{S}=\frac{235}{3.4}=69.1\text{MPa}$$

$$\sigma_e=\frac{1.3Q}{\pi d_1^2/4}=\frac{1.3\times4239\times4}{3.14\times10.106^2}=68.7\text{MPa}$$

$\sigma_e<[\sigma]$，选用 M12 强度足够。

习　题

1. 什么情况下采用粗牙螺纹？什么情况下采用细牙螺纹？什么情况下用单线螺纹？什么情况下用多线螺纹？理由是什么？

2. 常用的螺纹联接类型有哪几种？结构和应用有何不同？观察一下自行车采用了哪种联接？说明理由。

3. 联接螺纹有良好的自锁性，为什么设计螺纹联接时一般都要考虑防松装置？试举出三种防松装置的实例，并说明其防松原理。

4. 一般螺纹联接拧紧螺母的目的是什么？对于重要的受拉螺栓联接，为什么不宜采用小于 M12~M16 的螺栓。

5. 如图 13-14（b）所示的螺栓联接，其横向工作载荷 $R=20\text{kN}$，接合面间的摩擦系数 $f=0.15$，螺栓材料为 35 号钢，试确定螺栓的公称直径。若采用铰制孔用螺栓联接，三块被联接板厚均为 10mm（可近似等于 δ），材料为 Q235，确定螺栓的公称直径。

6. 如图 13-18 为压力容器盖的螺栓联接，其容器内压力 $p=0.6\text{MPa}$，盖子的内径 $D=240\text{mm}$，联接采用 8 个 M14 螺栓，试确定螺栓的材料。

附表 1

压痕直径与布氏硬度对照表

压痕直径 d (mm)	HBS 或 HBW $D=10mm$ $F=29.42kN(3000kgf)$	压痕直径 d (mm)	HBS 或 HBW $D=10mm$ $F=29.42kN(3000kgf)$	压痕直径 d (mm)	HBS 或 HBW $D=10mm$ $F=29.42kN(3000kgf)$
2.40	653	3.22	359	4.04	224
2.42	643	3.24	354	4.06	222
2.44	632	3.26	350	4.08	219
2.46	621	3.28	345	4.10	217
2.48	611	3.30	341	4.12	215
2.50	601	3.32	337	4.14	213
2.52	592	3.34	333	4.16	211
2.54	582	3.36	329	4.18	209
2.56	573	3.38	325	4.20	207
2.58	564	3.40	321	4.22	204
2.60	555	3.42	317	4.24	202
2.62	547	3.44	313	4.26	200
2.64	538	3.46	309	4.28	198
2.66	530	3.48	306	4.30	197
2.68	522	3.50	302	4.32	195
2.70	514	3.52	298	4.34	193
2.72	507	3.54	295	4.36	191
2.74	499	3.56	292	4.38	189
2.76	492	3.58	288	4.40	187
2.78	485	3.60	285	4.42	185
2.80	477	3.62	282	4.44	184
2.82	471	3.64	278	4.46	182
2.84	464	3.66	275	4.48	180
2.86	457	3.68	272	4.50	179
2.88	451	3.70	269	4.52	177
2.90	444	3.72	266	4.54	175
2.92	438	3.74	263	4.56	174
2.94	432	3.76	260	4.58	172
2.96	426	3.78	257	4.60	170
2.98	420	3.80	255	4.62	169
3.00	415	3.82	252	4.64	167
3.02	409	3.84	249	4.66	166
3.04	404	3.86	246	4.68	164
3.06	398	3.88	244	4.70	163
3.08	393	3.90	241	4.72	161
3.10	388	3.92	239	4.74	160
3.12	383	3.94	236	4.76	158
3.14	378	3.96	234	4.78	157
3.16	373	3.98	231	4.80	156
3.18	368	4.00	229	4.82	154
3.20	363	4.02	226	4.84	153

压痕直径 d (mm)	HBS 或 HBW D=10mm F=29.42kN (3000kgf)	压痕直径 d (mm)	HBS 或 HBW D=10mm F=29.42kN (3000kgf)	压痕直径 d (mm)	HBS 或 HBW D=10mm F=29.42kN (3000kgf)
4.86	152	5.26	128	5.66	109
4.88	150	5.28	127	5.68	108
4.90	149	5.30	126	5.70	107
4.92	148	5.32	125	5.72	106
4.94	146	5.34	124	5.74	105
4.96	145	5.36	123	5.76	105
4.98	144	5.38	122	5.78	104
5.00	143	5.40	121	5.80	103
5.02	141	5.42	120	5.82	102
5.04	140	5.44	119	5.84	101
5.06	139	5.46	118	5.86	101
5.08	138	5.48	117	5.88	99.9
5.10	137	5.50	116	5.90	99.2
5.12	135	5.52	115	5.92	98.4
5.14	134	5.54	114	5.94	97.7
5.16	133	5.56	113	5.96	96.9
5.18	132	5.58	112	5.98	96.2
5.20	131	5.60	111	6.00	95.5
5.22	130	5.62	110		
5.24	129	5.64	110		

附表 2

黑色金属硬度及强度换算表

洛氏硬度 HRC	洛氏硬度 HRA	布氏硬度 HB30D²	维氏硬度 HV	近似强度值 σ_b (MPa)	洛氏硬度 HRC	洛氏硬度 HRA	布氏硬度 HB30D²	维氏硬度 HV	近似强度值 σ_b (MPa)
70	86.6		(1037)		43	72.1	401	411	1389
69	(86.1)		997		42	71.6	391	399	1347
68	(85.5		959		41	71.1	380	388	1307
67	85.0		923		40	70.5	370	377	1268
66	84.4		889		39	70.0	360	367	1232
65	83.9		856		38		350	357	1197
64	83.3		825		37		341	347	1163
63	82.8		795		36		332	338	1131
62	82.2		766		35		323	329	1100
61	81.7		739		34		314	320	1070
60	81.2		713	2607	33		306	312	1042
59	80.6		688	2496	32		298	304	1015
58	80.1		664	2391	31		291	296	989
57	79.5		642	2293	30		283	289	964
56	79.0		620	2201	29		276	281	940
55	78.5		599	2115	28		269	274	917
54	77.9		579	2034	27		263	268	895
53	77.4		561	1957	26		257	261	874
52	76.9		543	1885	25		251	255	854
51	76.3	(501)	525	1817	24		245	249	835
50	75.8	(488)	509	1753	23		240	243	816
49	75.3	(474)	493	1692	22		234	237	799
48	74.7	(461)	478	1635	21		229	231	782
47	74.2	449	463	1581	20		225	226	767
46	73.7	436	449	1529	19		220	221	752
45	73.2	424	436	1480	18		216	216	737
44	72.6	413	423	1434	17		211	211	724

洛氏硬度 HRB	布氏硬度 HB30D²	维氏硬度 HV	近似强度值 σ_b (MPa)	洛氏硬度 HRB	布氏硬度 HB30D²	维氏硬度 HV	近似强度值 σ_b (MPa)
100		233	803	91		187	644
99		227	783	90		183	629
98		222	763	89		178	614
97		216	744	88		174	601
96		211	726	87		170	587
95		206	708	86		166	575
94		201	691	85		163	562
93		196	675	84		159	550
92		191	659	83		156	539

洛氏硬度 HRB	布氏硬度 HB30D²	维氏硬度 HV	近似强度值 σ_b （MPa）	洛氏硬度 HRB	布氏硬度 HB30D²	维氏硬度 HV	近似强度值 σ_b （MPa）
82	138	152	528	70	113	121	429
81	136	149	518	69	112	119	423
80	133	146	508	68	110	117	418
79	130	143	498	67	109	115	412
78	128	140	489	66	108	114	407
77	126	138	480	65	107	112	403
76	124	135	472	64	106	110	398
75	122	132	464	63	105	109	394
74	120	130	456	62	104	108	390
73	118	128	449	61	103	106	386
72	116	125	442	60	102	105	383
71	115	123	435				

注：1. 表中的强度值，只适用于换算要求不高的钢。

2. 表中括号内的硬度值仅供参考。

附表 3

常用焊条型号和曾用牌号对照表

类　别	型　号（GB）	曾用牌号	型　号（GB）	曾用牌号
结构钢焊条	E4313	结 421	E5018	结 506 铁
	E4303	结 422	E5015	结 507
	E4323	结 422 铁	E5015-G	结 507 铜磷
	E4301	结 423	E5515-G	结 557
	E4320	结 424	E6016-D$_1$	结 606
	E4316	结 426	E6015 D$_1$	结 607
	E5003	结 502	E6015-G	结 607 镍
	E5001	结 503	E7015-D$_2$	结 707
	E5027	结 504 铁	E8515-G	结 857
	E5016	结 506		
钼及铬钼耐热钢焊条	E5015-A1	热 107	E5515-B3-VWB	热 347
	E5015-B1	热 207	E6015-B3	热 407
	E5515-B2	热 307	E5515-B3-VNb	热 417
	E5515-B2-V	热 317	E1-5MoV-15	热 507
	E5515-B2-VW	热 327		
	E5515-B2-VNb	热 337		
铬镍不锈钢焊条	E00-19-10-16	奥 002	E1-16-25Mo6N-16	奥 502
	E00-18-12Mo2-16	奥 022	E-16-25Mo6N-15	奥 507
	E0-19-10-16	奥 102	E0-18-12Mo2V-16	奥 232
	E0-19-10-15	奥 107	E018-12Mo2V-15	奥 237
	E0-19-10Nb-16	奥 132	E019-13Mo3-16	奥 242
	E0-19-10Nb-15	奥 137	E1-23-13-16	奥 302
	E0-18-12Mo2-16	奥 202	E1-23-13-15	奥 307
	E0-18-12Mo2-15	奥 207	E1-23-13Mo2-16	奥 132
	E0-18-12Mo2Nb-16	奥 212	E2-26-21-16	奥 402
	E0-19-13Mo2Cu2-16	奥 222	E2-26-21-15	奥 407
铸铁焊条	EZCQ	铸 208	EZNiFeCu	铸 418
	EZNi-1	铸 308	EZNiCu-1	铸 508
	EZNiFe-1	铸 408		
铜及铜合金焊条	TCu	铜 107	TCuSnB	铜 227
	TCuSi	铜 207	TCuAl	铜 237
铝及铝合金焊条	TAl	铝 109	TAlMn	铝 309
	TAlSi	铝 209		